情商

决定你的人生高度

马云的10堂情商课

秦益——著

民主与建设出版社
·北京·

© 民主与建设出版社，2020

图书在版编目（CIP）数据

情商决定你的人生高度：马云的 10 堂情商课 / 秦益
著 . — 北京：民主与建设出版社，2019.11
ISBN 978-7-5139-2780-2

Ⅰ . ①情… Ⅱ . ①秦… Ⅲ . ①情商－通俗读物 Ⅳ .
① B842.6-49

中国版本图书馆 CIP 数据核字 (2019) 第 248121 号

情商决定你的人生高度：马云的 10 堂情商课
QINGSHANG JUEDING NI DE RENSHENG GAODU:
MA YUN DE 10 TANG QINGSHANGKE

著　　者	秦　益	
责任编辑	彭　现	
装帧设计	尧丽设计	
出版发行	民主与建设出版社有限责任公司	
电　　话	（010）59417747　59419778	
社　　址	北京市海淀区西三环中路 10 号望海楼 E 座 7 层	
邮　　编	100142	
印　　刷	大厂回族自治县彩虹印刷有限公司	
版　　次	2020 年 3 月第 1 版	
印　　次	2020 年 3 月第 1 次印刷	
开　　本	710毫米 ×1000 毫米　1/16	
印　　张	14	
字　　数	230 千字	
书　　号	ISBN 978-7-5139-2780-2	
定　　价	49.80 元	

注：如有印、装质量问题，请与出版社联系。

马云说，做企业有三个关键：情商（EQ）、智商（IQ）和爱商（LQ）。绝大多数成功的创业者情商都极高，对人性的问题把握得很好。情商和智商可以让一个企业走向成功，但不能忽略一个关键点，那就是爱商（LQ），如果没有爱商，哪怕你很有钱也得不到尊重。

在这三个"商"中，情商被马云摆在了首要位置。按照美国心理学家彼得·萨洛维和约翰·梅耶的理论，情商包括了解自身情绪、管理情绪、自我激励、识别他人情绪和处理人际关系五个基本内容。只要把这五个方面都弄明白了，"人性的问题"就会一理通而百理明。

在马云看来，情商高的人创业很容易获得成功，因为他们能很好地把握人性的问题，正确使用自己的力量，妥善处理人际关系。这两个方面恰恰是很多人都不擅长的。

要想正确地使用自己的力量，就得准确了解自身情绪，具备出色的情绪管理能力和自我激励能力。如果不了解自身情绪，内心就会变得迷茫；如果不能管理好情绪，理智就会被冲动吞没；如果不能保持足够的自我激励，在困难面前就很容易战败投降。

要想妥善处理人际关系，首先得准确地识别他人的情绪，理解他人的想法和处境，然后做出令人舒服和认同的举动。这并不是说要曲意逢迎对方，而是在倾听、理解和共情的基础上求同存异、真诚相待。

在数十年的创业生涯中，马云在很多方面都展现出极高的情商水平。他在认清了自己的奋斗方向后，百折不挠地打拼事业，用心解决客户的痛点，不断从错误中总结经验，勇于承担社会责任。阿里巴巴能从一个只有18个员工的小公司发展成一个多元化的商业生态系统，与马云的这些品质是分不开的。

情商不是万能的，不能脱离智商和外部环境而单独发挥作用。但一个人的情商水平决定了其人生的高度。因为情商高的人可以正确认识自己，把自身的潜力发挥到极致，并且能妥善处理人际关系，借助众人的力量实现抱负。

在此，愿所有读者都能勤于修炼情商，终有一天能达到自己所期望的人生高度。

目录
CONTENTS

第一章

——

成为时代的创新主角——梦想家
马云的人生定位课

——

　　仅有一次的生命该怎样度过，是每个人都会
面对的问题。有些人浑浑噩噩，只是一味地随波逐
流，始终找不到人生的方向。有些人虽然有着远大
的抱负，但心比天高命比纸薄，生活处处是战场，
仿佛摆脱不了命运的束缚。这两类人都没有找到恰
当的自我定位，让人生充满错位。无论生在什么时
代、活在哪个国家，情商高的人总是能在社会中找
到属于自己的位置。马云很早就做好了人生定位，
朝着明确的目标不断前进，最终成为这个时代激流
勇进的弄潮儿。

情商高的人善于抓住时代的每一个机遇

1．我们真的生不逢时吗？

2．我们所处的时代真的缺乏机会吗？

3．怎样才能抓住这个时代的机遇？

很多年轻人都抱怨自己生不逢时，没生在一个遍地都是机会的大好时代。当他们看到20世纪90年代的创业者白手起家的故事时，内心充满了羡慕，羡慕那时的人面对的是一个可以野蛮生长的空白市场，只要有勇气去闯荡，就能赚到大钱。

可惜他们当时还小，等长大后已经时过境迁，没赶上这一轮发家致富的好机会。在他们看来，好机会都被马云等成功人士遇上了。而自己既没有优越的出身，又缺乏出人头地的机会，根本不可能实现梦想。

但马云认为每个时代的人都有很多机会，只要能认清时代发展的需要，机会自然会呈现出来。他当年就是以这样的心态奋斗的。

情商小案例

1995年，马云去美国出差，到了一个朋友开的公司。那是他第一次知道世界上有一种东西叫作互联网。他试着在互联网上搜索了一下"中国啤酒"，结果什么信息都没搜到。因为当时中国的互联网基础建设非常薄弱，很多信息并没有上传到网络上。

如果换作别人，可能会立志移民大洋彼岸，过上有互联网的发达国家的生活。但马云意识到这是一个能影响时代发展的机遇。他当时就下决心要在国内创办一家公司，用互联网技术改变中国落后的商业面貌。这个志向在当时的人们眼中看起来就是个笑话。

马云雄心勃勃地要在一穷二白的条件下创办一个全世界商人都能用到的网上交易平台。经过几次尝试后，他创办了电子商务领军企业阿里巴巴。媒体因此把马云视为互联网界的一个传奇。

马云的心声 ·

有时候看到网上表扬我的话，我真的觉得很不好意思，我哪有那么神？我自己都不知道是怎么赢的，但是我知道是怎么输的，输了都是因为我一时的贪念或者一时的冲动。

但事实上我觉得每一次活动的成功，首先感谢的是这个时代，感谢中国经济的发展、互联网的发展，还要感谢我的同事没日没夜的努力，是他们一点一滴地把这个东西变成了现实。任何一个故事、任何一个互联网的概念，假如没有别人的参与，是十分艰难的，是几乎不可能实现的。

解读：马云把自己的每一次成功首先归功于时代大环境。因为他很清楚，没有第三次科技革命就没有互联网，没有互联网就没有电子商务，没有电子商务也就没有致力于打造电子商务平台的阿里巴巴。

马云当初创业时没有本钱，也没有划时代的新技术，对互联网也是一知半解。但他看准了中国互联网的发展需要，看到了广大中小企业的需要。这些还没有被满足的社会需求就是一个很大的发展机遇。

马云抓住了时代的机遇，建立了阿里巴巴。过程无疑是艰难的，充满了挫折和失败。但阿里巴巴还是随着中国经济的增长一同壮大了，并且为中国电子商务领域的发展做出了巨大的贡献。

属于马云的机会已经被他自己掌握了。如今的中国经济环境已经跟马云创业的时代大不相同。虽然我们不可能在马云多年打拼出来的领域跟他一较高下，但这并不意味着年轻人在这个时代就没有机遇。

中国的互联网经济还在发展，社会还有很多需要解决的问题，整个行业还在升级迭代。新时代总有新机遇，只是缺少发现的眼睛和愿意为此拼搏的人。我们完全可以成为这样的人。

拓展知识

觉得身边毫无机会的人往往喜欢以灾难性思维看待问题。灾难性思维的特点就是把任何事都往坏处想，尤其是把困难和阻碍想象得很可怕。拥有这种思维的人有句口头禅是"万一……怎么办"。这也正是他们放弃努力的理由。

灾难性思维会让你夸大客观上的困难，低估自己的实力和潜力。对失败的过度恐惧让你失去了艰苦奋斗的信心，看不到潜在的机会。即使机会摆在你面前，你也不敢像马云那样勇往直前。

　　其实，灾难性思维往往是脱离实际的。很多想象中的灾难不一定会发生，只不过灾难性思维让你过于紧张，更容易滋生消极情绪和挫败感，导致你手忙脚乱，最终走向失败。所以，情商高的人会努力克服这种不良的思维方式，力求以平常心看待一切，让自己充分发挥真实水平。

思考十年以后的事情，今天就开始做准备

"云课堂"讲义 ||||||||

1. 畅想未来是否是不切实际的表现呢？

2. 我们应该怎样看待未来？

3. 怎样才能把握自己的未来？

俗话说："人无远虑，必有近忧。"意思是说，一个人如果对未来没有长远的打算，就会给自己留下很多麻烦。但人们往往重"近忧"而轻"远虑"。因为"长远的打算"有时候看起来和"好高骛远"没什么两样，而解决当下的问题更像是"脚踏实地"的作风。

许多人困惑于此，最终放弃了对未来的思考，眼睛只盯着眼前，做事头痛医头脚痛医脚。他们始终被不断变化的形势牵着鼻子走，常因不知如何是好而疲于奔命。这恰恰验证了"人无远虑，必有近忧"的合理性。

马云是个很敢畅想未来的人，却又非常务实。他始终关注未来，力图弄清楚未来的世界会发生什么变化。这不是好高骛远，因为马云会围绕未来的

形势从今天开始做准备，通过这种方式把长远的打算和脚踏实地的作风结合在一起。

情商小案例

1999年，阿里巴巴刚开始在杭州创业。招聘员工的时候，对方觉得这个叫"阿里巴巴"的互联网公司不靠谱。马云在2001年的年会上向大家承诺，阿里巴巴会成为全杭州最好的公司，会成为杭州老百姓愿意把自己的孩子、老婆和老公送来的公司，会成为全杭州纳税最多的企业，会成为杭州的骄傲。

今天的我们是由十年前我们的想法和行动造就的，而十年后的我们将由今天的想法和行动造就。马云在对员工许诺时正是抱着这个念头来创造未来的。后来他做到了。阿里巴巴成为中国互联网巨头之一，阿里员工也是业内公司争着要的人才。

马云的心声 •

对任何东西都要具备前瞻性思维，为未来改革，今天才有意义。今天，大家思考一下，如果你在十年以前，什么事情今天做会不一样？同样的道理，你站在十年以后思考现在，我这家企业必须做什么事情，十年以后才有机会。

你越不知道明年怎么过的时候，越要思考五年以后、十年以后。21世纪，企业一定要高度注意组织变革，组织、人才、变化，经济不好的时候，就要在这些方面练内功。

解读：马云的这个方法可以帮助我们认清自己今后的努力方向。不过道理简单，实践起来还是颇有难度。因为十年以后的事情对于许多人来说有些遥远。况且时代持续变化发展，你今天制订的人生规划，说不定到时候根本用不上。所以人们更喜欢只看眼前，不去为尚未发生的事情操太多心，美其名曰"活在当下"。

即使是那些愿意主动畅想未来的人，也不一定具备前瞻性思维。假如你对社会的认识不够深刻，就不可能准确判断出十年后的生活会变成什么样。你连目标都看不清，自然无法围绕长远目标而努力。

至于具备前瞻性思维的人，仍有一个瓶颈需要突破。当短期形势突然发生剧烈变化时，你是否有足够的战略定力坚持自己选定的目标？不能专注于十年大计的人总是占大多数。我们若能克服这个缺点，就能在厚积薄发中收获成果。

拓展知识

人们经常会自我设限，主动放弃尝试各种可能性，于是错过了某些成就自己的机会。这是绝对化思维在作怪。所谓绝对化思维，指的是认为任何事情都应该跟自己的期望保持一致的思维方式。

拥有绝对化思维的人喜欢说"我应该……""我必须……""我不得不……""我非……不可"之类的口头禅。这种人经常为事情没有达到预期的效果而生气、自责、内疚，把自己批评得一无是处。即使是一点微不足道的小事，都可能令其陷入自我怀疑。绝对化思维给我们带来的精神压力，比我们想象得更大。

与此同时，绝对化思维还会让人变得死板，对其他人和事的控制欲和占有欲超出常规水平。那些经常对别人说"你应该……""你必须……""你只能……""你非……不可"的人，头脑已经被绝对化思维牢牢占据。要想对未来的梦想保持信心，就必须注意把绝对化思维改成可能性思维，多考虑一下事情的其他可能性。

要比别人看得更远、更宽、更长、更独特

"云课堂"讲义 ||||||||

1. 视野对一个人的成长有多么重要?

2. 为什么视野开阔的人经常遭到误解和嘲笑?

3. 如何做到比别人看得更远、更宽、更长、更独特?

有句很励志的话叫作:"心有多大,舞台就有多大。"但是有些人心比天高,命比纸薄。原因何在?主要是他们空有梦想,却没有开阔的视野和卓越的见识,虽心气高,但器量小,最终被促狭的格局束缚。

一个人的视野越开阔,对世界的认识就越全面,对自己的理解也越透彻。这对我们做好自己的人生定位非常有用。当你能看到更高层次的东西时,就会意识到眼前的蝇头小利不值一提,不该为琐事纠缠不清,由此产生更强大的动力去做你想做的事。

许多人做不到这一点,因此不理解那些视野开阔的人,不相信他们会成功。正如当初有很多没意识到电子商务价值的人把马云当成说大话的骗子,

死活不相信中国企业有朝一日也能做好互联网经济。

情商小案例

少年时代的马云因为身高和相貌经常遭到嘲讽，但他并没有因此丧失自信。他在上中学的时候，中国已经改革开放，来杭州游览西湖的外国人越来越多。马云养成了每天骑自行车去西湖边上跟外国游客聊天的习惯。他的英语口语水平有了突飞猛进的进步，视野也比同龄人更开阔。

马云的数学不好，参加了三次高考，大学毕业后成了一名英语教师。任教五年后，他意识到中国正在加强对外交流，需要大量翻译人才，于是下海创办了杭州最早的专业翻译社——杭州海博翻译社。后来他在第一次美国之行中首次接触互联网，意识到电子商务的价值，阿里巴巴也因此应运而生。

· 马云的心声 ·

远见是一个优秀船长最重要的功能，他要能告诉大家，什么时候有风暴要来，这是他的经验、他的眼光、他的远见。我觉得在不同的角度上，你比别人看得更远、更宽、更长、更独特，这才是最关键的……每个人的视野、视角要看得更宽、更远、更深、更独特，然后你才能抓住这个机会。

解读：同一个事物可以从多个视角来观看。每个视角都有自己的合理性，但未必能让你做出正确的判断。比如，短期利益可观的决定放到长远发展中反而是个灾难。

狭窄的视角会让我们忽略事物之间的普遍联系，犯头痛医头脚痛医脚的错误。平庸的视角无法发掘事物的独特之处，令我们错失还没发光的"金子"。

只有比别人看得更远、更宽、更长、更独特，才能从看似没机会的地方找出机会，把看似平淡无奇的东西变得光彩夺目。这样的眼光不是天生的，而需要经过大量磨炼。多读不同的书，多到不同的地方游历，多接触不同类型的人。这三种方式都能开阔我们的视野，丰富我们的思想见识。

在这个增长眼力的学习过程中，你会经常面临各种反对意见，不被周围的人理解，因为你的见识逐渐超出了他们的视野。当你遇到来自多方的非议时，更应该审慎地对待自己的观点。在不断反思中前进，把自己的认识锤炼得更加牢不可破。

拓展知识

在锤炼眼光的过程中，我们必须摒弃不当合理化思维。所谓不当合理化思维，就是把一切视为理所当然。通俗地说，就是认为一切存在的事物都是合理的，哪怕不公平、有危害，也照样将其视为理所当然，从而放弃一切改变现状的努力。

不当合理化思维看似承认现实，但实际上恰恰是在逃避现实，彻底否认了需要解决的问题是客观存在的，自欺欺人地认为问题不存在。以不当合理化思维看问题的人，总是喜欢把自己的不当行为合理化，找一大堆借口为自己开脱。

正因为许多人都喜欢用不当合理化思维看待世界，才会忽视问题的存在，忍受着需要改进的弊端，甚至会阻碍那些试图为改变现状而付出努力的人，将一切改变行为都视为愚蠢行为。

换言之，他们的眼光很平庸，既看不远也看不透。如果你想做到比别人看得更远、更宽、更长、更独特，就得先把不当合理化思维抛到脑后，真正去发现人们熟视无睹的、应该解决的问题。

看清自己有什么、要什么、该放弃什么

"云课堂"讲义 ||||||

1．你是否明确自己拥有哪些才能和资源？

2．你知道自己最想要的是什么吗？

3．在需要放弃的时候，你是否有足够的魄力？

能力强的人和条件优越的人可以比一般人得到更多的东西。但无论他们怎么努力，这个世界上总有他们得不到的东西。太过贪心的人什么都想要，但有限的力量决定了他们真正能掌握在手中的东西并不多。

世界虽大，物产虽丰，但你真正需要的不多，能掌握的也很有限。当人们求而不得时，很容易被负面情绪侵蚀，影响身心健康，让事情越做越不顺。情商高的人清楚自己不可能什么都能得到，必须有所取舍。

不知道你有没有想过，目前正在追求的事物真的是自己最想要的东西吗？此外，你是否真正意识到自己已有的东西弥足珍贵了呢？

情商小案例

2001年，阿里巴巴实现了收支平衡，会员数量达到了100万。但马云当时没有经营跨国大公司的经验，感到很迷茫。他在香港跟索尼的老总开了一个会，索尼老总对企业管理的清晰认识给他留下了深刻的印象，让他开始明白公司当时处在何种发展阶段。

后来马云去纽约参加世界经济论坛，跟微软的比尔·盖茨、波音的老总等优秀企业家进行交流。波音老总跟马云分享了一个经验——企业没有明确的发展战略是不行的，因为这是判断你的决策是否正确的主要依据。马云看到了当时国内管理者与世界一流企业家的差距，重新进行自我定位，终于成为中国乃至世界一流的企业家。

马云的心声 •

创业者在记住梦想、承诺、坚持、该做什么、不该做什么、做多久以外，我希望创业者给自己、给员工、给社会、给股东承诺，永远让你的员工、家人和股东可以睡得着觉，绝对不能做任何逾越法律以及危害社会的事情。只要这些东西在，我对我的家人、对我的员工、对我员工的家人、对我的股东永远坦荡。我们犯错误，心里也知道错在哪里。

解读：马云认为，我们没法改变昨天，但30年后的今天会变成什么样子，是由我们今天的所作所为决定的。凭着这股信念，他在风云变幻的时代中一直坚持着自己的梦想，从改变自己开始，一点一滴地推动变革。积极的人生态度改变了他的命运，也改变了所有跟阿里巴巴有关的人的命运。

在奋斗的过程中，马云得到了很多，也失去了很多。其实每个人都一样，不可能抓住所有的东西，总会有得有失。所有人都会遇到"鱼与熊掌不可兼得"的困境。贪大求全者难免输得一塌糊涂，有自知之明能让我们走得更远、更稳。

每个人都应该认清自己手中有什么，内心真正想要什么，然后放弃你抓不住的或者阻碍你实现愿望的。若能做到这三点，你将不会再感到身心俱疲、无所适从，会获得更多前进的力量。

拓展知识

美国麻省理工学院博士、组织发展理论创始人沃伦·本尼斯提出过一个自我认识公式，并将其视为职场成功的起点。自我认识公式具体如下：

$$自我认识 = 了解自己 = 自制力 = 自我控制 = 自我表达$$

知己知彼，百战不殆。情商的培养是从提高自我认识开始的。通过充分了解自身的情况，减少自己身上的不确定性因素，从而获得更多的自信心。自信心只有与正确的自我认识结合在一起，才能真正发挥积极作用。那种盲目的自信正是源于错误的自我认识。

准确的自我认识和逐步增强的自信心，能帮助人们提高自我控制能力，减少可能破坏人际关系和危害自身的冲动行为。在这种状态下，人们会注意识别自己和对方的情绪，选择更恰当的方式来表达自己的主张，取得他人的理解，从而达成自己的目标。

在这个世界上，人人都有属于自己的机会

"云课堂"讲义 ||||||

1．如果身边的人比你优秀，你就该放弃努力吗？

2．你觉得轮不到自己的机会，真的完全与你无缘吗？

3．如何判断眼前的机会是否真正属于你的？

马云说过："如果说我跟别人哪里不一样的话，就是我观察问题的角度和别人不一样，看问题的深度和别人不一样。每个人、每代人都有自己的机会，就看你是否能够把握住。有人把机会看成了灾难，也有人把灾难看成了机会。遗憾的是，世界上多的是把机会看成灾难的人。"

这句话被无数人嗤之以鼻。因为大家觉得马云的能力、运气和机遇都超乎常人，他的成功不可复制，他是站着说话不腰疼。

这并不是说我们都要以马云为成功的唯一标杆，而要根据自己的需要来定义成功。只要能实现属于自己的人生目标，就是一种胜利。假如你一开始就不相信人人都有属于自己的机会，就会放弃为人生目标而奋斗。这很可能

会让你扼杀自己的成长潜力。

情商小案例

刚成立的阿里巴巴没有制度，没有标准，就连最简单的公司登记都没有。马云和他的小伙伴们自称是"十八罗汉"，吃着最便宜的饭菜，住着最简陋的民房，拿着500元的月薪，10个月每天工作16～18小时，累了就直接睡地上。

马云不懂技术，也不懂管理，甚至连什么是"股份"和"股东权益"都不懂。但他相信自己在电子商务上迟早能找到机会。当蔡崇信提出加入阿里团队时，马云吓了一跳，因为蔡崇信的财力足以买下十几个当时的阿里巴巴。结果，两人都赌上了自己的未来，成就了彼此的。

马云的心声 •

10年前，我告诉人家我坚信互联网就是未来。即使成功的不是我们，也会有其他人成功。直到今天，我仍然相信未来。在中国，有淘宝、百度和腾讯，年轻人已经没有机会了吗？我想在韩国一定也有相同的情况。

每个人都会觉得，已经有这样的公司了，我们是否还能生存？10年前，我对比尔·盖茨也有相同的想法，是不是因为有微软，我就没有机会了？是不是因为有谷歌，我就没有机会了？不是，机遇无处不在。因为有互联网，因为有云计算，因为有大数据，这个世界上，每个人都有机会。

解读：机会永远掌握在有准备的人手中。可惜人们常因误以为没机会而不去做任何准备。马云这番话就是在批评这种现象。抱怨这个社会没给机会很容易，自己去主动寻找潜在机会却很难。当周围的人已经放弃努力时，一直坚持不懈的你会被人嘲笑，但最终能挖出潜在机会的人必定是你。

无论多么发达的社会，都有很多需要改进的地方。当众人都说没有机会的时候，你更要注意分辨，究竟是真的没有机会，还是自己缺少发现的眼睛。

不要把别人的评价看得过重，因为他们不会替你对人生负责。关键在于你是否真心想做这件事，你是否为了做成这件事而付出比别人更多的心血，你是否在为目标而努力的同时没忘记履行自己应该承担的责任和义务。只要能保证做到这三点，你就应该挺起胸膛继续前进，一步一个脚印地走向认定的终点。

拓展知识

所有人都渴望机会，但当机会真正摆在眼前的时候，有些人又会变得犹豫不决、焦虑不安。这是因为他们把别人的评价看得过重，害怕自己的所作所为会被别人议论。这种不安会使其行为出现失调现象，背离自己的初衷。

有些人表现为强迫自己把任何事情都做得完美无缺，以求获得所有人的认可。假如有一个人否定了他们的努力，他们就会非常自责，被羞愧感和内疚感冲昏头脑。

就算众人都表示肯定，他们虽然高兴，内心的不安全感也不会完全消失。因为，这种人认为自己若是下次出现差错，就会被大家讨厌，于是不敢放松心情，越来越紧张。

　　还有的人虽不会采取这种取悦的方式来赢得人们的认可，但会用尖酸刻薄的方式贬低他人，以此抬高自己，掩饰自己对他人评价的恐惧。这种做法无疑令人讨厌。情商高的人不会这么做，而是会把注意力放在自己的进步上，不过分看重他人的评价。

给自己一个机会说试试，万一活了呢

"云课堂"讲义 ||||||||

1. 为什么人们大多倾向于放弃梦想？

2. 如果周围大多数人反对你的梦想，该怎么办？

3. 假如你对自己想做的事没有信心，该何去何从？

让梦想输在起跑线上是一件轻而易举的事。每个人不费吹灰之力就能实现，只不过需要克服一下放弃梦想的痛苦罢了。这种痛苦无疑令人难受，但人们更害怕的是梦想破灭带来的挫败感。

我们都害怕看到自己失败时落魄的样子，担心自己软弱无能的一面大白于天下。当我们主动放弃梦想时，就规避了可能出现的失败。这样就能继续保持"我只是没去做，并不是做不了"的自我催眠状态。

可是如此一来，我们就会错过检验自己真实水平的机会，把实现人生目标的希望彻底变成零。这样真的好吗？马云的选择是给自己一个机会说试试，冒着未知的风险去追逐梦想。

情商小案例

马云在创办阿里巴巴之前做过"中国黄页"。第一家被他的团队搬上互联网的企业是望湖宾馆。宾馆经理给了马云一份宾馆的中英文简介，马云把简介传到西雅图的工作室做网页。但宾馆经理不想付钱，认为发条消息就要收钱是不合理的，把马云说成是骗子。

结果1995年联合国第四届世界妇女大会在北京召开，很多美国妇女代表就是根据那个网页的消息找到了远在杭州的望湖宾馆。

马云据此判断电子商务在未来必将有极大的发展，中国的电子商务应该为广大中小企业服务。但他的老板认为电子商务必须服务于国有企业、大企业。由于两人理念分歧严重，马云选择辞职，自己创办公司，这才有了后来的阿里巴巴。

· 马云的心声 ·

有了一个理想以后，我觉得最重要的是给自己一个承诺，承诺自己要把这件事做出来。很多创业者都想想这个条件不够，那个条件没有，这个条件也不具备，该怎么办？

我觉得创业者最重要的是创造条件。如果机会都成熟的话，一定轮不到我们。所以一般大家都觉得这是好机会，一般大家觉得机会成熟的时候，我觉得往往不是你的机会，你坚信这事情能够起来的时候，给自己一个承诺说我准备干五年，我准备干十年，干二十年，把它干出来。我相信你就会走得很久。

解读： 因害怕失败而不敢尝试，是人们的常见心理。趋利避害的想法无可厚非。如果在条件不具备的情况下做事，确实很容易导致失败。但成功往往不是水到渠成的，更多时候是奋斗者拼出来的。

奋斗的过程中总会出现变数，不会让你有时间从容地准备到万无一失。就算是以稳健著称的军事家，也会在有六七成把握的时候下定作战决心。因为不到六成的把握风险太大，等到有七成以上把握的时候出手已经迟了，可能会错失良机。这个诀窍同样适用于创业者。

所以，马云强调要坚信自己想做的事一定能做成。然后给自己一个承诺，在多少年内无论如何都不能放弃。必须坚决摒弃那种坐等胜利的消极观念，没有条件就自己创造条件。坚持尝试下去，在尝试中成长，在成长中走向成功。

拓展知识

人们有两种基本的思维模式，一种是固定型思维，一种是成长型思维。以固定型思维为主导的人认为自己的才能都是一成不变的，并且认为世界上很多事物都是一成不变的。而以成长型思维为主导的人认为自己的基本能力是可以通过努力来提升的，并且认为应该以发展的眼光看待事物的潜力。

假如你是前一种类型，会根据才能和个性的差异演变成不同的模样。天赋高的人会认为自己就应该高高在上，不可以输给别人。遇到失败的时候很难正视自己的不足，甚至会因心理失衡而让性格变得扭曲。才智平平的人则会认为自己再努力也改变不了"命中注定的事情"，于是放弃了一切尝试。

　　情商高的人也许没有超凡脱俗的才华，但一般都以成长型思维看待自己和世界。这让他们勇于给自己一个说试试的机会。即使失败了，他们也能从努力的过程中看到自己的成长，为此感到骄傲。

第二章

———

平凡人一起做非凡事——平凡人马云的自我认识课

———

　　如果说每个人都是一艘即将扬帆远航的船，那么自我认识就是这艘船的船舵。船以舵保持航向不偏离航线，人以自我认识来指导自己的言行举止。错误的自我认识会令人误判自己的真实实力，做出不恰当的决定。只有保持正确的自我认识，人们才能心理健康，在事业和家庭方面做得更好。在马云看来，人要有远大的理想，但不可自命不凡，不可轻视众人的力量。把自己视为平凡人，和其他平凡人一起做不平凡的事，这样人生的道路才能越走越宽。

不管我们多伟大，都是普通人

"云课堂"讲义 ||||||||

1. 做人应该甘于平凡还是不甘平凡？

2. 为什么有些杰出人士把自己定位为平凡人？

3. "不忘本"对一个人的成功很重要吗？

如果一个人甘于平凡，那么他随波逐流地过日子就好，不需要花太多力气，也不必动太多脑筋。但一开始就能这么想的人很少。在确认自己的能力极限之前，人会不断地寻找突破方向，实在不行了才认命。由此来看，不甘平凡才是人的本性。只不过生活磨掉了人们的棱角，令其接受自己的平凡。

马云自然是不甘平凡的人，也做出了非凡的成就，没有人会把他当平凡人对待。但他越成功，越在阿里巴巴提倡"平凡人做非凡事"的人生观。在他看来，大家都是平凡人，没有三头六臂，也没有超能力，只是聚在一起做不平凡的事。

情商小案例

曾经有人在员工大会上让马云讲一讲，怎样才能让年轻人和新的领导成长。马云开玩笑说："五年以前，我看起来都不像CEO，干着干着，慢慢会像起来的。重要的是我们相信并帮助他。"

马云还指出，他讲战略但细节不足，蔡崇信可以补上；他能创新但逻辑不严谨，曾鸣可以补上；他对淘宝有想法但做不动，陆兆禧可以补上。每个人各尽所能，互相补短，就能通过团队配合实现成长，获得成功。没有谁生下来就是成功人士，都是通过团队互相成就了彼此。所以马云一直很珍惜自己的团队伙伴。

马云的心声 •

　　10年以前，在我的家里，我还有其他17位同事，我们描绘了一个图，我们认为中国互联网会怎么发展，中国电子商务会怎么发展，我们讲了两个小时，从此就走上了这条路。10年下来，没有任何理由我们会活下来，有无数的原因、无数次的坎坷、无数次的情况会让阿里巴巴一蹶不振，甚至消失在互联网世界。我们自己也在问是什么让我们活了下来，并且越来越强大。我相信我们的人并不是能力最强的，我见过很多很多人比我们强，阿里巴巴今天的年轻人比我们10年前能力更强；我们也不是最勤奋的，有很多比我们勤奋的人；我们肯定不是最聪明的，因为比我们聪明的人有的是。

解读：马云说自己和创业伙伴们不是能力最强的，不是最勤奋的，不是最聪明的，这话一般人都不会相信。因为他们成功了，而其他做同样事业的

创业团队消失在了中国电子商务发展史中。

他说这话的本意不是为了摆出一个谦虚的姿态，而是要提醒团队伙伴不要骄傲自大。人外有人，天外有天。偌大的中国藏龙卧虎，总有人比你更聪明、更勤奋、更强大。哪怕他们现在没有你那么成功，只要保持力争上游的劲头，迟早会成为让你头痛的竞争对手。

不管我们做出了多么伟大的成就，我们终究还是普通人，不进则退的普通人。假如因为昨天的成就而沾沾自喜，思想就会变得麻痹懈怠。别人在努力进步，而你只是故步自封，被别人超越只是时间问题。这就是马云反复强调"平凡人做非凡事"的用意。

拓展知识

人们通常以为自己很了解自己，实际上未必。一个常见现象是，人们会高估自己的能力，去做超出能力范围的事。人们还经常高估自己的意志力，以为可以轻而易举地坚持做某件事，结果却半途而废。这些都属于自我认识上的偏差。

完善自我认识是释放自身潜力的基础。你对自己的认识越全面，越能找准自己的定位，对别人的影响力也越大。要想做到这一点，先得学会倾听你的心声。倾听自己的心声是一项很有用的精神锻炼，它能帮助你把个人情感和价值观联系在一起，做出更正确、更符合自己初衷的决定。

为此，你需要花时间去思考，用心体会自己的感受，尤其是平时被压抑和隐藏的情感。由于你没有认真处理它们，它们就成了你心中的坎，时时刻刻影响你的言行举止。当你学会正视这些来自内心的呼声时，就能逐渐打开自己的心结，获得适度的自信。

"能"是团队的力量，"力"是你个人的力量

"云课堂"讲义 ||||||

1. 个人能力强的人需要学会团队合作吗？

2. 假如其他团队成员不如你的话，你该怎么处理人际关系呢？

3. 个人能力和团队合作能力哪个更重要？

很多有才气的人难免会自我膨胀，变得有些傲气。他们并非不知道团队合作的重要性，但在实际操作中往往看不起身边的人，把队友当成累赘，过于相信个人力量。他们不相信同伴，同伴也会不相信他们。这样的团队没有形成合力，自然没有效率可言。

但是，单打独斗能力再强的人也有自己应付不了的局面，也难以跟竞争对手的整个团队长期抗衡。马云对此心知肚明。他在商业上有许多超前想法，不得不靠力排众议来推动自己的设想。但他并不是独断专行的领导者，反而提出了一个有趣的理论——"能"是团队的力量，"力"是你个人的力量。

情商小案例

阿里集团内部流传着马云的一句格言："我们一定要懂这个道理，说你能干，不是你真的能干，而是你的团队，你以前的团队、今天的团队能干。"马云非常重视团队精神，并将其纳入了价值观考核当中。

★积极融入团队并乐于接受同事的帮助，配合团队完成工作。打1分。

★主动给予同事必要的帮助，遇到困难时，善于利用团队的力量解决问题。打2分。

★决策前，积极发表个人意见，充分参与团队讨论；决策后，无论个人是否有异议，都坚决执行。打3分。

★客观认识同事的优缺点，并在工作中充分体现"对事不对人"的原则。打4分。

★以积极正面的心态去影响团队，并改善团队的表现和氛围。打5分。

马云的心声 •

　　我们要诞生真正的领导者。有人可能会说，"我的执行力很强"，但执行力不等于能力。如果一个人的执行力很强，但是个人搞不好团队关系，这样他还是能力很差。"能"是团队的力量，"能"是集体的力量，"能"是边上人的力量，"力"是你个人的力量。我今天看见我们很多干部，"力"很强，执行力很强，但是"能"很差。我希望我们能诞生一批领导者，这要做很多工作。

解读：业绩出色的人会被公司给予厚望，有更多加薪升职的机会。他们在升职的时候也将面临新的挑战。做业务和带团队是两种完全不同的能力。前者主要是依靠自己的力量独立解决问题，后者则需要组织众人的力量来完成共同的目标。许多优秀的业务标兵，恰恰在这方面表现得不尽如人意，未能进阶为一名合格的领导者。

为了解决这个问题，马云提出了这套"能"和"力"的理论。"力"只是个人工作能力，"能"代表着领导者组织团队成员一起协作的能力。马云认为"力"很强但"能"很弱的干部不是合格的领导者。

每个人都可以测一下，看看自己的短板究竟是"能"还是"力"。"力"不足的就着重锻炼自己的个人业务水平。"能"不足的就多补充一些团队管理知识技能。只有缺什么补什么，综合素质才更全面。

拓展知识

当一个人从普通员工被提拔为管理者时，必然要面临更多情商方面的考验。无论是在工作中还是在工作之外，他与原先同伴的人际关系都发生了重大变化。在言行举止上也要做出相应的调整，否则会出现很多问题。

当你成为团队管理者时，那些曾经与你平级的同伴必然会用新的眼光看待你。他们不确定你在角色发生变化后是否还值得信任，担心你会翻脸不认人，用盛气凌人的态度对待他们。你们之间的新关系开始变得比较微妙，充满猜疑和试探。

你要做的是让他们明白，哪些关系是随着工作需要不得不改变的，哪些方面依然如故。你要积极主动地向他们传达一个信号：尽管彼此的关系发生了变化，但这不会改变已经存在的信任关系和开放的沟通渠道。这样才能让他们放下心来，继续配合你的工作。

不知为不知，尊重内行就是尊重自己

1．为什么有些人喜欢不懂装懂？

2．坦诚地说"不知道"很困难吗？

3．作为外行人，我们应该怎样跟内行人打交道？

"人外有人，天外有天。"许多人意识不到这一点，以为自己在本专业上能干，就可以对别人的专业领域指手画脚。殊不知，纵使你是某个领域十项全能的高手，在其他领域依然是个不折不扣的门外汉。发言越多，越容易暴露自己的无知。

更多人只是自以为聪明，本职上没什么过人之处，却喜欢在自己根本不懂的问题上大放厥词。一旦被内行人士揭穿了真实水平，他们就会恼羞成怒，为了找回面子而做很多不理智的行为。

情商高的人则会有意识地遵守孔夫子的教诲，"知之为知之，不知为不知"，不在自己不熟悉的领域不懂装懂。比如，马云在管理上是内行，在技术上是外行。作为领导内行的外行人，他既尊重内行又不盲从内行。

情商小案例

马云的初始创业团队在技术、财务、法律和融资方面都存在短板，整个公司还没有走上正轨。蔡崇信加入阿里巴巴后，立即着手进行公司的正规化建设。

马云和其他创始人都认真听着蔡崇信在小白板上讲解各种现代企业知识。他们对这块缺乏了解，非常尊重内行人的意见。并没有因为自己是公司创办人就怀疑蔡崇信在说空话。

蔡崇信不仅给他们普及了各种财务、法律和融资方面的知识，还帮创始团队的"十八罗汉"准备了18份完全符合国际惯例的英文合同。合同上明确了每个人的股权和义务，让阿里巴巴初步形成了公司的雏形。假如马云当初没有虚心接受蔡崇信的专业意见，阿里巴巴可能会一直停留在小作坊阶段，成不了大器。

马云的心声

一个不懂技术的人怎么领导互联网公司？外行是可以领导内行的，关键是去尊重内行。我跟工程师从来不吵架，很重要的一个原因是没法吵架，他跟我说什么系统、软件，我搞不懂，但是有一项东西必须搞懂：按照客户的需求去做。我代表着中国80%的不懂电脑的人，客户的需求就是我的需求。很多工程师说，你不能这么想，你怎么这么看问题。我说没办法，80%的人都跟我一样，你把它做出来，我告诉你要去哪里。

解读：马云是一线互联网老总中罕见的文科生，他不懂技术，也不去学技术。他曾经强迫工程师按照自己的想法做一个"很丑的网站"，甚至不惜在长途电话中发火。他要创办阿里云的时候，阿里巴巴上下很多人反对，没想到最后几经波折居然取得了不错的效果。

网友开玩笑说，有些创新活动可能还是外行人才搞得定，因为他们坚信自己一定能做出成果，无论有多少困难和挫折，都动摇不了自己的决心。而内行人太熟悉技术细节，觉得很多尝试都没有结果，于是很早就放弃了，根本不会坚持到量变引发质变的阶段。

事实上，马云只是发挥了自己更懂客户需求和市场大趋势的专业眼光而已。他的事业并不是外行人的侥幸成功，是靠大量优秀工程师支撑起来的。只不过两种不同的内行人站在更高的层次进行优势互补，才有了这些令人难以置信的结果。

拓展知识

"知之为知之，不知为不知。"如果你知道认知失调理论，就会意识到这句话究竟含有多少人生智慧。认知就是你对某种事物、态度、情感、行为、价值等的看法。比如，你喜欢吃牛肉是一种认知，你认为努力付出不一定会获得相应的回报也是一种认知。认知失调就是你的认知和其他人的认知不一致的现象。

比如，你认为自己是个笨手笨脚、没有亮点的庸人，而你的同伴却觉得你善解人意、风趣幽默。两者的认知不一致，就产生了认知失调。认知失调是一种令人感到不愉快的心理体验。所以人们在遇到这种情况时会设法找到解决不一致认知的办法。

情商低的人会一味维护自己的认知，而不考虑自己是否产生了错误的认知。情商高的人则会审慎地调查他人对某个人或某件事的认知是否符合真实情况，然后再看看是否需要调整自己的认知。

所谓情商高，就是学会用欣赏的眼光看人

"云课堂"讲义 ||||||||

1. 你清楚身边的人有哪些优点吗？

2. 假如你发现别人在某方面强过你，会用什么心态去看待对方呢？

3. 怎样才能学会用欣赏的眼光看人？

大多数人在评价自己的时候，往往多说优点而少说缺点。但在看别人的时候，关注点更多在其缺点上，而对其优点不那么重视。这就使得人们不太容易做到用欣赏的眼光看人，从而犯下高估自己、低估别人的错误。

具体表现是明明自己没什么突出的能力和表现，却对谁都不服气。这样的人看到别人在某些方面超过自己时心里就会不舒服，坚持认为对方的成功是侥幸得来的，因为他们不肯承认对方的实力比自己强。

由此造成的负面影响是让人们无法正确认识自己与他人的客观差距。意识不到差距，就不会去努力改变，进步也就无从谈起。因此，要学会用欣赏的眼光看人，是破解这种不健康心态的良药。

情商小案例

被称为阿里巴巴二号人物的蔡崇信深得马云信任。当初他代表AB投资公司来考察阿里巴巴值不值得投资。谁知两人见面后，蔡崇信决定放弃580万元的年薪，拿月薪500元跟马云创业。两人的出身、个性和成长经历完全不同，却能一见如故、惺惺相惜，共同奠定了阿里巴巴的基业。

马云曾经在《赢在中国》节目中这样夸赞蔡崇信："像蔡崇信这样的人不可能在公司内部培养出来，只能从公司外部找，但多半公司找的时候已经是快要上市了，他们来的目的就是准备上市。而前期创业者把该犯的错误已全部犯过了，也付出了惨重的代价，而有些投资上的错误根本不可逆。"

马读的心声 •

阿里巴巴要以人为本，人才是我们的本钱，我希望阿里巴巴的领导者永远用欣赏的眼光来看我们的员工。我们每年都要检视自己离世界最佳雇主还有多远的距离，我们希望我们的员工变得富裕，变得开心。其实，很多公司比我们有钱，但员工并不开心。我们要做到的是，让我们的员工一辈子都有成就感。

解读： 人们很容易做到欣赏比自己地位和成就更高的人，因为彼此的差距一目了然；通常也能做到欣赏跟自己情况差不多的人，因为大家没有高下之分，相处起来最轻松。但是当人们面对暂时比自己的成就和地位低的人时，一般很难产生欣赏的眼光。

试想一下，当你在各方面处于领先地位时，是不是会认为对方不如自己？这个心态人人都有。许多领导者觉得自己的员工这里不行、那里不行，就是这个原因。

情商高的领导者会经常提醒自己，要多欣赏员工的优点，像伯乐一样发掘他们的潜力。所谓欣赏的眼光，其实就是不要只用老眼光看人。古人云："士别三日，当刮目相待。"说的就是要看到别人的成长，由衷地欣赏这种成长。

员工得到你的欣赏时，会更有成就感和干劲。你欣赏员工时，自己的心情也会变好。彼此都带着好心情工作，工作效率自然会有显著提高。

拓展知识

学会用欣赏的眼光看人，最难过的一关就是自己的嫉妒心。怀有嫉妒心的人思维方式比较极端，要么全有，要么全无。如果别人有而你没有，你心里就会不舒服，做一些给人添堵的事情。在不知不觉中，你把注意力全放在了跟别人攀比上，反而忽略了自身的问题。

嫉妒会导致我们的思想陷入瓶颈，偏执地认为自己的痛苦都是别人引起的，并且把得到让我们心生嫉妒的东西视为解决问题的唯一方法。换言之，当对方失去了令你嫉妒的东西后，你心里才会感觉舒服，不用再忍受痛苦。

但事实上，心怀嫉妒的人本末倒置了。唯一阻挡你去路的人是你自己。你以为通往成功的道路是被别人挡住了，其实真正重要的不是别人有什么东西，而是你自己认为有意义的东西。当你真正认清了自己本心想要的东西之后，嫉妒就会化为一缕青烟，随风而散。

像英雄一样奋斗，但不把自己当英雄

"云课堂"讲义 ||||||

1. 英雄品格是否是成功的重要条件？

2. 为什么马云认为人不该把自己当英雄？

3. 当别人把你视为英雄时，你应该如何看待自我？

英雄崇拜是全人类都有的文化心理。英雄的远大志向与勇气智慧，让他们的一生轰轰烈烈，令人神往。许多人小时候曾立志长大要做个英雄，只是成年后渐渐放弃了。他们养成英雄品格已是难事，更别说做出英雄般的丰功伟绩了。

马云也有英雄崇拜，却又对此保持着警惕。他激励自己像英雄一样奋斗，同时也提醒自己和他人不要以英雄自居，变得居功自傲。

情商小案例

有员工对马云说感觉公司成功的过程挺梦幻的。马云却认为，公司离做

102年的百年企业还有很长的路，还不能说是成功的。他还坦言，阿里巴巴一路走来确实挺梦幻的，如果让他以今天的能力回到十年前重新来一遍，不一定能发展成现在的样子。

马云认为公司现在的成就有很多运气成分，许多人创造了贡献就离开了公司，根本不知道自己做出多少贡献。他对此感慨良多，希望员工们再接再厉，不要躺在功劳簿上睡大觉，努力让公司完成生存102年的大愿。

马云的心声 ·

我们往往过高估计自己的能力，组织容易高估，个人更容易高估。我这两天在想一个问题，我们做企业的人挺逗的。企业做得好，绝大部分的老板都认为是自己做了正确的决定，是由于自己的远见卓识，让这个公司发展。但每个人都认为自己是最牛的：在老板眼里，员工是我请的。员工想，没有我，哪有你？股东更加这样想，没有我的钱，你行吗？——反正每个人都高估自己。但是我们都是社会进步过程中的一个很小的因素而已，我觉得谁也改变不了历史，谁也改变不了人类，你提供的只是在人类历史中的一丁点贡献。

解读： 在受到挫折的时候容易自我贬低，变得畏缩不前；在一帆风顺时容易自我膨胀，忽视可能造成失败的问题。这是人类的天性。这种天性无疑会降低我们的成功指数，因此才需要培养更高的情商来克服这个阻碍。

遗憾的是，许多人能在低落的时候像英雄一样不屈不挠地奋斗，却在小有成就时变得骄傲自满，过分高估自己的能力，舍弃艰苦奋斗时的各种美好品质。当英雄失去英雄品格时，就会变得越来越不像英雄，到头来只是一个被自身性格缺点打败的可悲之人。

马云认为每个人无论成就多大，在人类历史长河中都只是一朵小浪花。永远不要过分高估自己，而要意识到自己的渺小。像英雄一样奋斗，而不要把自己当成高人一等的英雄。这样你才能一辈子保持英雄般的优秀品质。

拓展知识

当一个人以英雄自居时，会产生许多自己意识不到的盲点。我们在特定的情况下会感到压力很大，内心变得软弱，认为自己无法胜任。但同时又会因为放不下面子而回避对自己不利的信息，以维持表面的坚强。

这种行为一方面有自我保护的作用，另一方面也阻碍了我们认清自己。不少人为了面子而逞强，拒绝听从不一样的意见，以为凭着侥幸就能完成目标。这种做法只会让他们产生更多的盲点，更加看不清道路，结果搞得一塌糊涂，昔日辉煌树立起来的名望也随之败光。

情商高的人为了克服自己的盲点，会积极寻求他人的反馈，通过搜集反馈意见来检验自己可能存在的盲点，勇于承认自己忽视的问题，绝不以自大的态度去做事。这样反而能更好地维护自己的面子。

做人要投资在自己的头脑和眼光上

"云课堂" 讲义 ⫿⫿⫿⫿⫿⫿⫿

1．为什么有些人眼光长远而有些人目光短浅?

2．有远见的人做事时有什么独到之处?

3．怎样把自己变成有眼光的人?

所谓智慧，就是人的头脑和眼光。头脑决定了你处理问题的能力，眼光决定了你认识问题的高度。换言之，发现问题靠眼光，解决问题靠头脑，两者缺一不可。这两项指标可以比较准确地反映出每个人的综合实力和成长潜力。

智商高的人不一定有大智慧。因为他们可能只是有头脑，而缺少长远的眼光。尽管能看清眼前的局面，但看不到未来发展的大趋势。这样的人在小处极尽精明，却在大局上落了后手，发展后劲不足。

而另一些人的头脑也许不是最出色的，但具备不俗的眼光。他们无法凭一己之力解决问题，但可以通过情商来组织解决问题的力量，最终照样能赢得漂亮。

情商小案例

2006年11月7日，马云出席了在美国旧金山举办的Web 2.0大会。他在大会上发表了演讲，自嘲道："阿里巴巴之所以能走到今天，全是因为我不懂计算机。我就像一个骑在盲虎身上的盲人。"在场的观众都笑了。

有个人一直在会场后面蹲着，一字不落地记录着马云的发言。他就是亚马逊集团董事会主席兼CEO杰夫·贝佐斯。马云一直很敬佩这个电子商务前辈。两人在散会后进行了交谈。杰夫·贝佐斯认为马云的发言对自己进军中国市场很有启发。由此可见，高手之间不仅存在竞争，同时也在相互学习。

马云的心声 •

领导者要有眼光和胸怀，眼光是靠多跑多看练就的，读万卷书不如行万里路。你没有走出县城，就不知道纽约有多大。我去了美国之后，才感觉自己太渺小了。我经常跟我的同事们说，人要学会投资在自己的头脑和眼光上。你每次去的地方都是萧山、余杭，怎么跟那些大客户讲世界未来的发展是什么样的。你去东京、纽约看看，全世界都走一走、看一看，回来之后，你的眼光就不一样了。人要舍得在自己身上投资，这样才能给客户带来价值。

解读：社会是由无数人共同构成的，世界是由多个国家、民族共同构成的。但每个人的生活圈有大有小。人们总是犯一个错误——以为全世界都跟自己身边的情况一样。殊不知，不同层面的世界有巨大的差异，不可混为一谈。

老话说得好，"夏虫不可以语冰"。夏虫活不到冬天，自然就不相信世界上还有冬天。有些人的活动半径仅限于一个小村庄或者城市里的小社区。看到的和听到的东西不多，眼光和胸怀自然也有限，不可能产生超出这个生活圈范围的头脑。

要想获得更好的头脑和眼光，就必须走出自己的生活圈，接触更广阔的世界。我们每接触一个自己认知以外的世界一角，都会对世界产生新的认识，从而站在更高的层次看问题。

拓展知识

我们在锻炼自己的头脑和眼光时，要注意把自身能量集中到一个点上。如果能量太分散，就无法在主要方向取得持续突破，结果是头脑和眼光很难获得实质性成长。情商高的人总是先慎重地选择自己的发展方向，然后再持续发力。

毫无疑问，你在成长的过程中会遇到无数超出当前经验范围的事情。这会令你不知所措。在这个时候，你不妨先把基础入门的事物全部弄清楚，不要急于求成。通过学习之后，你将渐渐明白自己能改变哪些部分，不能改变哪些部分。

在着手改变自己的阶段，宜从小处入手，而不要从大处入手。这样做的好处是不会被大格局下的复杂情况吓倒。过高的预期会让你变得裹足不前，而你现在需要的是一步一个脚印地前进。当你感到进展不顺时，就跳过自己不喜欢的部分，从自己能推动的部分做起，这样就不容易被困住了。

第三章

实力是失败堆出来的——历经过失败的
马云的自我激励课

　　人的成就高度跟抗挫折能力是成正比的。
"人生不如意事十之八九。"这些挫败会消磨你的
信心、耐心和决心，让你渐渐失去对成功的渴望，
最终被失败的阴影笼罩。百折不挠的人会在逆境中
不断激励自己，恢复高昂的士气，继续挑战困难。
马云认为，人的实力是无数个失败堆积出来的，没
有无数次失败，就无法成为更好的自己。他也经历
过很多次失败，一度怀疑自己能否坚持下去，但最
终还是重拾信心，咬牙拼搏到底。经历过失败的马
云的逆袭之路，从自我激励开始。

一个人的实力来自一点一滴的失败

"云课堂"讲义 ▌▌▌▌▌▌

1. 挫败感为何能摧毁一个人的自信?

2. 怎样才能把失败变成促进自己成长的磨刀石?

3. 情商高的人怎样克服自己对失败的恐惧?

人生好比是一场110米跨栏运动。如果说成功是110米跨栏的终点,那么失败就是你要跨过的那10个跨栏。只有跨过去才能到达终点,跨不过去就止步于此。在这个跑道上,你的对手只有你自己,你要战胜的敌人是自己心中的挫败感。

挫败感会给人带来三种痛苦:自我怀疑、自我贬低、自我恐惧。自我怀疑扭曲了人们的自我认知,会使人错误评估自身实力,增加犯错的概率。自我贬低会扼杀我们的自尊心,使我们对本来能做好的事情都缺乏自信。自我恐惧使人凡事都往坏处想,变得更加容易因紧张过度而发挥失常。

人不经历失败就无法吸取教训,找到正确的前进方向。但失败带来的挫败感会给我们造成内伤，若没有足够的自我激励能力，将很难从挫折中再站起来，进而丧失自我成长的能力。

情商小案例

马云早年找工作非常不顺利，应聘过30多次工作，一个都没被录用。其中一份是在快餐企业打工，25个人去应聘，24个被录取，马云是唯一被淘汰的。

马云在创办阿里巴巴之前已经在北京创业了四年。其中在"中国黄页"努力了两三年，在外经贸部做了13个月临时工，全部都以失败告终，只能灰溜溜地回到杭州。

他和他的小伙伴们东拼西凑，凑出50万元人民币创办阿里巴巴，结果公司经营到第八个月就没资金了，马云只能借钱给大伙发工资。他被30多个风险投资基金拒绝。直到第39次融资，才获得了第一笔风险投资500万美元，才让公司缓过劲来。

马云的心声 ·

我觉得实力是失败积累起来的，一点一滴的失败是一个人的实力、企业实力的积聚。如果我年纪大了，我希望跟我的孙子吹牛的话，是说你爷爷做成这么大的事情，一点儿都不牛。孙子说，刚好是互联网大潮来了有人给你投资。当我讲当年有这个事情出来，犯了很严重的错误，他会很崇拜地看着我，真的，这个我倒不一定吃得消。一个人最后的成功是因为有太多惨痛的经历。

解读：都说失败是成功之母。但对于大多数人而言，这个成功一直处于"难产"状态。失败后面往往跟着更多的失败，离成功的终点究竟还有多远，谁也不能事前预知。能从屡战屡败中爬起来的人是不多的。

马云也是从无数失败中摸爬滚打起来的，对失败的滋味再熟悉不过了。失败不可怕，可怕的是不懂得怎样从失败中学习，积累自己的实力。成功之所以"难产"，在很大程度上是因为人们不善于学习，总是在原地转圈。不善于吸取教训未必是智商不足，更多是因为情商太低，不肯正视自己的缺陷。

马云在失败中锤炼出了极其坚定的意志，一旦认准了未来的大方向，就像江河东流到海不复回一样。他在每一次失败中都学到了宝贵的教训，避免了更大的错误发生。在这种不懈努力下，他最终成功了。

拓展知识

失败有时候是因为我们的计划太大，而能力不足。掌控大计划需要很强的处理复杂局面的能力。事情越多，就越容易手忙脚乱，最终导致失败。不要去羡慕那些游刃有余的弄潮儿，他们也是从一点一滴的失败中逐渐学会这项本领的。

为难于其易，图大于其细。我们没必要试图一口气解决所有的问题，可以先把问题缩小到一件具体的事情上，且这件具体的事情是你可以控制的。通过把大目标细分为几个小步骤，你可以一次完成一个具体任务，从而井然有序地推动事情的进展。每完成一个阶段的任务，你的实力就会增长一分。问题全部解决后，你的实力就会上升到一个新的台阶。

假如你没有计划，或者计划执行起来不顺利，就说明你对目标的规划不够合理。由此造成的失败只会白白消耗你的信心，而不会帮助你增长实力。

高情商者可能会怀疑自己，但不怀疑信念

"云课堂"讲义 ||||||||

1．高情商者为什么通常比较自信？

2．高情商者也会自我怀疑吗？

3．如何把自我怀疑控制在一个合适的尺度？

高情商者能正确认识自己的情绪和能力，又善于自我激励，通常比较自信。他们的自信不是脱离实际的盲目自信，对为人处事有极大的帮助，能成就了不起的事业。但有自信不等于没有困惑。任何人都会有怀疑人生的时候，高情商者也不例外。

阿里巴巴集团学术委员会主席曾鸣在企业管理讲座中说过这样一段话："创始人经常处于这样的状态之间，有时候觉得自己是对的，有时候觉得自己想的全错了。万一把公司带到坑里怎么办？什么时候该民主？什么时候该独断？坚持还是放弃？中间肯定有运气的成分，但是这本身就是自我修炼的过程。最难过的坎就是这个坎：极端的孤独、极度的自我怀疑，但是只能相

信自己。"这样的坎，连一向以乐观精神著称的马云也遇到过。

情商小案例

以马云为首的创业"十八罗汉"刚开始没有专业的管理知识，认为只有职业经理人才能让公司走上正轨。从2000年到2001年，一年时间阿里巴巴就成了一个跨国集团，每个人都有自己的看法，团队分歧多多。

马云也不知该如何是好，各个团队的意见都采纳了一部分。阿里巴巴在多个国家和地区都大肆扩张，发展过快导致财务压力与日俱增，整个公司都因此陷入困境。马云迟迟找不到脱困的办法，最终不得不决定大裁员。

他在宣布裁员通知前很困惑，问一名外籍高管："我们一直在成长，我们一直也只是招人，这是我第一次辞退员工，我们应该怎么办？"事后他还沉痛地问对方："我能问你个问题吗？我是不是个坏人？"

马云痛定思痛，在公司开设"百年大计"培训课和"百年阿里"培训课，对全体团队成员进行了系统的培训。他和其他创始人也借此恶补企业管理知识，进阶为成熟的专业团队领导者，继续为最初的梦想奋斗。

· 马云的心声 ·

创业者的激情很重要，但是短暂的激情是没有用的，长久的激情才是有用的。一个人的激情也没有用，很多人的激情才有用。如果你自己很有激情，但是你的团队没有激情，那一点用都没有，怎么让你的团队跟你一样充满激情地面对未来、面对挑战，是极其关键的事情。

解读：马云曾经怀疑自己做了错误的决定，他也确实犯过不少错误。但他从来没有怀疑自己的信念——推动中国电子商务行业的发展，为广大中小客户与创业者服务。他相信这条路迟早有人要走，不是自己，也会有其他人。既然如此，为什么不由自己来做呢？

这份信念使得马云拥有超乎常人的激情。无论是做决策还是发表讲话，马云的激情都给大众留下了深刻的印象。阿里巴巴的很多员工在马云的感染下也变得满腔热血。

团队上下都怀着激情去开创未来，纵然一路上经历无数失败、坎坷和痛苦，依然前赴后继。若没有这股力量，阿里巴巴就不会壮大，马云也根本不可能获得成功。

情商高的人要有怀疑精神，避免自己因过于顺利而翻船，但不会动摇自己的信念。如果作为带头人的你都动摇了，就不可能奢望其他人还能保持相同的信念。这是我们在面对失败时必须注意的。

拓展知识

每个人都是按照自己的信念来生活的。信念犹如灯塔，能让人从波涛汹涌的大海上找到方向。当我们遭遇挫败时，信念就会受到一定的冲击。但是只要这个精神支柱还在，我们就能治愈内心的痛苦，重新振作起来。倘若信念被动摇，人就会丧失安全感，不能再坚持原先的理想抱负。甚至可能会因此变得一蹶不振。

当我们对自己的信念产生怀疑时，会回想失败经历中的每一个细节，然后假设自己当初做了另一个选择就不会失败了。这个分析过程也许很快就完成了，也可能困扰我们很久。只要我们一天没有重建信念，失败的痛苦就不会消失。

　　绝对的自信是不存在的。盲目自信者心中往往夹杂着逃避现实的脆弱。情商高的人照样会经历很多失败，信念经常受到冲击，有时候甚至被击得粉碎。但他们最终能通过自我审视来吸取教训，巩固自己的信念，重新迎接之后的挑战。

多花点时间去了解别人是怎么失败的

"云课堂"讲义 ||||||

1．为什么马云认为成功经验不如失败经验重要？

2．为什么很多人总是重蹈覆辙？

3．怎样用好别人的失败经验？

刚开始奋斗的时候，你可能并不知道该怎么做。于是，就找了许多名人的传记来读，感受成功者创业的艰难，领略他们克服困难的智慧和勇气。可是这个看似顺理成章的做法，却存在一个较大的隐患。

别人的成功之路看起来很美，成功经验似乎非常合理，但等你真正操作的时候发现这只不过是屠龙之技。每个人的成功都是天时、地利、人和等多种因素综合作用的结果。假如让他们从头再来一遍，他们未必会再次成功。

成功的经验往往有不可复制性，失败的经验则通常是千篇一律。人们总是很容易在同样的错误上一再摔跟头。假如我们能少犯别人犯过的常见错误，就能增添几分获胜的希望。

情商小案例

马云在一次商界论坛上做闭幕式演讲。出人意料的是，他语重心长地说："很多人看到的是今天成功的史玉柱，今天成功的虞锋，今天成功的沈国军。但是我希望大家看到10年前的沈国军，倒下去的史玉柱，他们当时做了哪些决定和想法。今天的我们不值得大家学习，而前面10年走过的艰难的过程，犯过的错误，需要所有人反思、学习和思考。"

马云并没有借此机会宣扬成功，而是呼吁在场的所有听众多花一点时间去了解别人是怎么失败的。这些话引起了不少企业家的共鸣，也给了广大创业者一个很宝贵的经验教训。

马云的心声

> 刚开始的时候没有什么战略。就是让你的公司活下去，把你的员工养好，你应该这样想：你想做什么？在做的过程中挑最容易的、最快乐的事情做。其实创业很简单，就像在黑暗中走路，顺着亮光走总能走出来。企业到了10年以后才去讲战略战术。我研究过很多企业的失败，我不喜欢看成功经验，我喜欢看失败经验。许多人说，马云的领导使阿里巴巴活下来，这是不对的，我没那么聪明。但是前面的总结我们一定要做。

解读： 刚开始的时候，奋斗者往往是缺乏经验的。即使阅读了大量的理论知识，也只是接收了别人的二手经验，自己还没有在实践中融会贯通。而且别人的成功模式不一定适合你，你必须找到更符合自身条件的发展道路。

这个摸索过程充满了各种陷阱，不走一遍你根本不知道正确的道路在哪里。

为了减少失败，人们会尽可能把准备工作做得更加周密。但无论怎么准备，总会遇到一些不可控的影响因素。通过试错来排除不可行的选项，是通往正确路径的必要手段。不过，我们不一定要以身试错，多多学习别人的失败经验也是一个有效的办法。

我们可以寻找跟自己遇到过相同情况的人的失败案例，认真研究他们究竟在哪个环节出了问题。失败者的条件跟你越相似，其失败经验就越有借鉴的意义。

拓展知识

学习别人的失败经验很有用，但总结自己的失败原因更关键。我们可以在纸上记下自己最近遭遇的一次失败。只写单个失败事件，不要把一连串失败都写进来，每次只分析一次失败才能把经验总结得更清楚。

先描述你的失败经历，然后把你认为导致失败结果的因素全部列出来。只要是你认为对失败有影响的主观因素和客观因素，就统统写上。接下来的步骤是从所有的失败因素中筛选出可控因素与不可控因素。然后再好好想想那些不可控因素能否用可控因素替换。

如此一来，你就能弄清楚下次行动时应该减少哪些不可控因素了。总结完失败教训后，你再重新制订一个目标计划，写上当前所有的可控因素。然后认真地给每个导致失败的可控因素找出解决的办法。经过一番梳理，你将获得宝贵的失败经验，也更清楚下次该怎么做了。

不惧挑战，宁可战死也不能被吓死

"云课堂"讲义 ||||||

1. 如果竞争对手实力很强，你会放弃原定目标吗？

2. 假如不想认输，我们该怎样以弱抗强呢？

3. 除了竞争之外，还有别的出路吗？

在奋斗的道路上，竞争无处不在。前面有占尽优势的成功者，后面有怀着同样梦想的追赶者，左右是为了赢得较量而绞尽脑汁的竞争者。假如你松懈了，胆怯了，犹豫不决了，就会被竞争对手抓住漏洞，最终不得不吞下失败的苦果。

奋斗者要懂得量力而行，把宝贵的实力用在关键之处，但不能畏惧挑战。任何伟大的企业都是在一次次竞争中成长起来的。害怕被锤炼的铁块，永远成不了钢。即使竞争对手很强大，也不能放弃与之竞争的勇气。马云就是这样做的，他宁可战死也不愿被对手吓死。这份胆识促使他积极思考对策，在残酷的市场竞争中闯出了一条以弱抗强的道路。

情商小案例

2003年，马云对员工们说："我们准备向eBay宣战。"eBay是当时世界上最大的电子商务公司，还投资了在中国市场发展迅速的易趣网，已经占据了中国线上拍卖市场的绝大部分市场份额。很多人不看好这场商战，但马云做好淘宝网三年内不盈利的准备后，还是向eBay易趣联盟亮剑了。

2003年的易趣网大约有950万注册用户，淘宝网仅有400万注册用户。易趣网的成交额高达22亿元，淘宝网仅有10亿元。到了2005年的第一个季度，淘宝网的成交额为10.2亿元，增长幅度不大，但易趣网已经下滑到1亿美元。淘宝网由此取代易趣网成为国内成交额最大的C2C网站。eBay易趣联盟最终在中国市场铩羽而归。

马云的心声

　　竞争是什么？关于竞争我有很多自己的看法，因为大家知道只有我们淘宝在跟eBay竞争，我一直认为竞争是一个甜点，你不能把竞争当主菜去做。往往是竞争越多，你的市场可以做得越大。但是如果你今天想办法灭掉竞争对手的话，最后你是一个职业杀手，你最后甚至都不知道自己在干什么。一个优秀的竞争者可以让你学到很多东西。你要尊重竞争对手，只有这样你才可以提升，竞争才可以提升。

解读：勇于竞争是一种宝贵的品质，有助于我们提升自己的人生高度。但完全沉溺于竞争的快感，就陷入了一个误区。表面上看，你是在积极战胜一个又一个对手，获得更多成功。但实际上，你只是在四处树敌，不断把潜在的助力转化为阻力。

正如马云所说，一个优秀的竞争者可以让你学到很多东西，但竞争不是唯一的出路。市场中既有竞争也有合作。当市场形势变化时，昔日的竞争对手也完全可能变成新的合作伙伴。假如你在竞争过程中欲将他人除之而后快，那就没有人愿意跟你合作，他人只会跟你其余的竞争对手走到一起。

把握好竞争与合作的平衡，也是情商高的人应具备的能力。我们应该在平时养成这种格局更大的认识，避免自己在竞争过程中走向极端，沦为一个不知进退、不察时势的好战分子。

拓展知识

让我们不敢面对挑战的，可能是现实中的压力，但也可能是想象中的困难。有些在事后看起来微不足道的小事情，我们刚开始接触时却感觉像个大麻烦。这是因为人类的大脑经过千万年的进化后形成了强大的预警功能。一点点令人不舒服或者失望的蛛丝马迹，都会激活大脑的高速浏览模式，让人很快联想到一连串棘手的灾难。

敏感的人能快速察觉到风吹草动的细微变化，于是容易联想到很多潜在的威胁，从而出现焦虑反应。他们在真正面对问题之前，已经在头脑中演练过无数遍想象中可能遇到的情况。由于对失败的恐惧，他们想象中的困难和危险往往比实际上夸张了许多。

要想变得勇于迎接挑战，就要学会不在想象中高估困难和危险。在弄清楚实际情况前，不要老想着一定会失败。怀着必败之心去努力，只会让我们败得更快，与一线生机擦肩而过。

如果没人鼓励，就用你的左手温暖右手

"云课堂"讲义 ||||||||

1．自我激励对一个人有多么重要？

2．他人的鼓励为什么能让人变得干劲十足？

3．自我激励能力强的人在失败时是怎么做的？

自我激励在情商理论中占有很重要的位置。如果说人如同一台发动机，那么自我激励就像是发动机的燃料。发动机一旦出现燃料不足的情况，就无法再继续运转。人一旦做不到自我激励，就会对工作和生活失去信心。

在通往成功的路上，他人的鼓励往往能让我们变得干劲十足。因为当我们听到他人的鼓励时，自我激励能力就会被唤醒，释放出更多的能量。不过，在很多情况下，大部分人并不会鼓励你坚持到底，反而会一再打击你的信心，劝你早点放弃。自我激励能力不够强的人，会被这些冷水熄灭心中的希望之火。

马云就遇到过这样寸步难行的环境。但他把自我激励能力发挥到了最大，支撑着自己屡败屡战。

情商小案例

2001年1月，阿里巴巴的账面上只剩下700万美元，只能让公司勉强再支撑半年多。马云等人也一直没有找到赚钱的办法，资金链眼看就要断裂了。公司经过大裁员后，每个月都在开董事会，股东们一直在问什么时候能赚钱。

大多数管理者和员工私底下都认为公司活不下来，就看最终以什么形式倒下了。那一年有很多互联网企业倒下了，媒体与华尔街对阿里巴巴的批评日益尖锐，风险投资商也纷纷拒绝追加投资。马云也想过坚持不下去了，但最终还是咬牙挺住了。

> **马云的心声** •
>
> 在没人温暖你的时候，你要学会左手温暖你的右手。2002年我在公司的员工大会上说，今年的主题词，就是活着，所有人都得活着。如果我们活着，还有人站在那边的时候，我们还得坚持下去，冬天长一点，它会倒下去的。

解读： 人在没成功的时候，很难得到太多的支持。假如有人愿意鼓励处于低谷的你，你一定要好好珍惜他们，付出努力，尽量不令他们失望。如果没有人鼓励你，你就自己鼓励自己。可以在心情低落的时候对自己说一段提气的话，把初心和梦想写下来，提醒自己不要忘记当初为什么走上这条路。

没有人天生就是高情商，也没有人天生就会给自己打气。自我激励能力是可以训练出来的。学会用积极的思维方式去考虑问题，用发展的眼光去看这个世界，不对别人和自己求全责备。

当我们遭遇挫败而他人拒绝帮助的时候，我们更应该学会关爱自我，而不给自己施加过重的压力。相反的，不懂得关爱自己的人，情商也高不到哪里去。你若对自己太苛刻残忍，只会把身心摧残得越来越不健康。这种状态是不可能支撑你走完奋斗旅程的。

拓展知识

当人们被拒绝的时候，最需要发扬自我激励能力。拒绝本身给人造成的伤害可能不是很大，只要能以积极的心态去对待，你就能很快恢复平常心。可是许多人的自我批判倾向比较严重，认为遭到拒绝的原因是自己太差劲。跟拒绝者的否定相比，他们对自己的否定更加不留情面，进一步贬低自己的价值。

生活已经很不易，在实现愿望之前必须学会不断鼓励自己、治愈自己。而过度的自我批判，好比在伤口上撒盐，让自己对成功更加不抱希望。人们常犯的一个错误是把拒绝的原因个人化。当你遭到拒绝时，只需要适度反思错误即可，但不要把某些可以改进的不足看作不可饶恕的罪孽。如果总是给自己施加过多压力，你就很难从失败中重新站起来。

其实，对方拒绝你的原因只不过是你恰好处于他们选择的范围之外而已。他们同样会拒绝别人，而不是针对你一个人。情商高的人明白这一点，所以只是把拒绝解读为双方不合适，而不是自己一无是处。

在别人情绪低落的时候看到美好的东西

1．为什么说创业者需要比常人有更强的抗挫折能力？

2．看到未来美好的东西对改善我们的现状有何帮助？

3．如何才能在别人情绪低落的时候看到美好的东西？

每个人都有判断风险和规避风险的能力，只是能力有强弱之分罢了。当你判断创业没有任何胜算时，就会主动放弃，选择你认为更加安稳的生活方式。换言之，你选择了一个压力更小的生存环境，不用像创业者那样经常跟挫败感和自我怀疑做斗争。

马云在创业阶段遭到过很多质疑，创业伙伴中也时不时地有人感到情绪低落，难以再坚持下去。当初不少人是因为相信马云才来一起创业，忍受着极其艰苦的生活，这给马云带来了巨大的压力。

但马云在困顿的时候依然相信明天会更好，畅想着未来美好的东西。这种见识帮助他不断对抗挫败感，艰难地保持着对事业的信心。

情商小案例

马云和他的创业伙伴刚在国内推广电子商务时碰了很多钉子。跑了十个客户，只有一个说试试。经过一年的努力，他在2000年7月登上了《福布斯》杂志的封面，还在同年9月10日召开了"第一届西湖论剑"。但公司年底就因经营困难而不得不进行大裁员。

这件事让马云感到很痛苦。但他相信互联网在去泡沫后还是会赚钱的，只是做电子商务的人一时没找到办法。他坚信经济发展离不开电子商务，高呼"Never never never give up!（永不放弃）"，硬是以半跪求生的毅力挺过了互联网的寒冬。

马云的心声 •

> 眼光就是一种远见，但怎么去理解远见？我自己也在思考。很多人觉得一个优秀的领导者，是要看到未来美好的东西。但这是一种动态的平衡。你要看到美好的东西，是要在别人低落的时候看到美好的东西，在人们骄傲的时候看到灾难的到来，所以要把握这个平衡的度。什么时候你要讲好，什么时候你要讲坏，这是一种眼光、一种远见。

解读：是什么促使一个人为目标不断奋斗？有的人说是梦想，有的人说是物质利益，有的人说是别的东西。无论他们属于哪种情况，都是在追求自己认为美好的东西。否则，谁也不会有动力坚持做下去。

最开始的时候，许多人心中怀着希望，相信自己追求的东西很美好。但随着各种困难的不断出现，奋斗者的压力越来越大。挫折会改变人看问题的角度，使人逐渐不再把美好的东西看得很重要，于是就选择放弃，成为半途而废之人。

请记住，失败不会打倒你，打倒你的是你内心的绝望。要想在失败的时候不失去希望，就不能被周围人的悲观失意影响，而应该在别人低落的时候看到美好的东西。你对未来美好的东西越有信心，就会对自己今天的一切努力更加自信，继续坚持到底。

拓展知识

为了能看到未来美好的东西，你有必要学会与自我批判争辩。缺乏自我批判精神的人会犯夜郎自大的错误，对别人的感受置若罔闻。这无疑是情商低的表现。但自我批判精神过剩会破坏你的自我激励能力，同样会让你的情商缺失重要部分。

要想成为一个情商高的人，不仅要保持适度的自省精神，还要学会与自我批判争辩。自我批判本身不是问题，问题在于有没有站在客观的角度来批判自己。人一不小心就会滑向过度自我批判的深渊，对自己不够友善，产生不必要的自卑感。

情商高的人能正确运用自我批判和自我激励两种力量，不使任何一方力量失衡。把自我批判控制在合适的范围内，然后及时给内心补充足够的自我激励能量。请记住，你只是和大家一样优缺点并存的普通人。对自己多一点关爱，多享受努力的过程，而不要把注意力完全放在目标上。只有自己身心状态好了，奋斗过程才会更加顺利，成功才会水到渠成。

第四章

决定胜负的是价值观——企业家
马云的原则操守课

价值观很重要吗？关于这个问题，不同的人有不同的答案。在这个浮躁的年代，很多人认为看重物质利益才是务实之举，价值观就是个摆设。对于这种极端功利的想法，身为知名企业家的马云完全不认可。他认为价值观非常重要，甚至在经营阿里巴巴时把价值观考核上升到了战略高度，并制定出细致的规章制度。这个情商很高的人既有通权达变的灵活性，又有坚守底线的原则性。他身体力行地贯彻着自己相信的原则，坚持着阿里人应有的操守。

不懂恪守原则的人，情商高不到哪里去

1．有人把情商高理解成做人八面玲珑，这种看法对吗？

2．情商高的人是否也需要恪守某些原则呢？

3．如何实现原则性和灵活性的统一？

在工作生活中能坚持原则的人不多，而且他们经常遭到嘲笑。他们经常得到的一个负面评价就是"情商低"。因为在许多人眼中，情商高就是"会做人"和"会来事"，能讨得各方欢心。恪守原则的人不懂这种"变通之道"，于是被认为是情商低的一类人。

对于这个观点，头脑灵活、思路奇特的马云就不赞同。他在管理阿里巴巴和培训员工时高度重视原则问题，具体而言就是公司所有人都必须恪守阿里巴巴的价值观。马云甚至为此提出价值观要在绩效考核中占比50%的考评原则，并将其细化为公司的规章制度。他之所以这样做，正是因为知道恪守原则的意义。

情商小案例

马云曾经骄傲地说："阿里巴巴不做计划。"结果导致公司因增长太快而变得秩序混乱。新的部门在组建后不久又很快解散了，大家搞不清楚各自的职责。公司让员工自行安排工作日常，结果各个环节经常协调不利。没人告诉第一天入职的新员工该做什么事，该向谁汇报。有个新员工就这样在自己的工位上坐了一周，假装在干活，而不敢问究竟谁是自己的上司。

阿里巴巴为混乱的管理付出了沉重的代价。从通用电气公司加入阿里的关明生对公司进行了大刀阔斧的整顿，让公司各项工作变得有章可循。马云也因此意识到了秩序和原则对组织发展的重要性，更加重视价值观的贯彻执行。

马云的心声 •

> 我觉得，我们除了感恩以外还要有敬畏。对阿里巴巴来讲，我们有敬畏之心，我不知道背后是什么东西，我相信未来10年、20年没有那么顺利，我们愿意为这10年、20年怀着敬畏之心不断改变自己。所以，这两个心我觉得非常重要，尤其是敬畏之心。很多人说，这个人好勇敢，我觉得勇而敢者死，勇而不敢者胜，我们勇而不敢。很多时候，我说我有这个勇气，我敢动，但是最后我不敢，我对规则、对规律、对莫名其妙的力量有尊重，有敬畏。

解读：马云说的"勇而敢者死，勇而不敢者胜"，化用了《道德经·第七十三章》的"勇于敢者则杀，勇于不敢者则活"。所谓"勇于不敢"，绝不是胆小怕事，而是心怀敬畏地去做事。敬畏的对象就是规则、规律以及原则。

人在社会中必然要遵守一定的秩序，不可能肆意胡为。所有人都有权利追求更加幸福的生活，但应该通过脚踏实地的诚实劳动来实现梦想，而不能做偷奸耍滑的违法乱纪之事。通过损害他人和组织的合法利益来谋求所谓的个人幸福，迟早是要遭到惩罚的。

勇而敢者以"撑死胆大的饿死胆小的"为自己的行为准则。纵然得意一时，迟早自食恶果。勇而不敢者在违背原则的事情上不敢越雷池半步，但在需要克服的困难面前有挺身而出的勇气。这样的勇敢才是真正的勇敢。

拓展知识

马云说："在阿里巴巴有一样东西是不能讨价还价的，就是企业文化、使命感和价值观。"有人据此认为他很专横，容不下多元化意见。事实证明，这是一个误解。因为马云还说过另一句话："这个世界的美妙之处在于可以看到各种各样的人。"

其实，恪守原则和包容多元化意见本身是不矛盾的。原则是大家都要遵守的底线。大家在共同的原则下相互尊重，然后充分发扬自己的个性，彼此相互交流，相互学习，融合出新思想和新事物。这其实就是原则性与灵活性相结合的表现。

把原则性和灵活性割裂开来，是不明智的短视行为。情商高的人懂得什么时候该坚持原则性，什么时候该选择灵活性，所以他们才能达到孔子说的"从心所欲不逾矩"的理想境界。

价值观既是红绿灯，也是方向盘

1. 价值观对人的影响有多大？

2. 当彼此的价值观发生冲突时，情商高的人会怎么处理？

3. 如果我们的价值观发生动摇，应该怎么办？

无论一个人的情商和智商是高是低，都会遵循某种价值观行事。价值观代表了一个人对世界的认识，是指导我们生活的指南针。当你的价值观发生动摇时，就会怀疑自己做的事情到底正不正确，甚至会怀疑自己的人生有没有意义。

每个人的价值观都或多或少地存在区别。你会经常遇到跟自己价值观不同的人。他们可能是你的客户、同事、领导，也可能是你的父母、兄弟。在不同价值观带来的冲突面前，人很难保持平和的心态，容易变得紧张、多疑、恐惧、愤怒，以至于跟对方发生不必要的矛盾。

马云对此有两种态度，一个是坚持自己的价值观不动摇，另一个是以开放的心态去了解不同的价值观。

情商小案例

2001年1月13日，53岁的关明生在白板上跟阿里巴巴的高管说目标、使命、价值观都很重要。他问："阿里巴巴有价值观没有？"马云说有，就是"信任，简单，快乐"六个字，但没有写进公司章程。

当时的阿里员工来自11个国家和地区，有着不同的文化。如果没有共同的价值观，就很难团结到一起。在关明生的帮助下，大家总结了群策群力、教学相长、质量、简易、激情、开放、创新、专注、服务与尊重九条价值观。喜欢武侠文化的马云将其命名为"独孤九剑"，要求每个新员工都要经过学习后才能加入公司。

马云的心声 •

如果把使命作为我们的目的地，价值观就是高速公路上的红绿灯和黄线、白线，按照这条路去开，永远就有前进的方向……价值观是什么？就是指导我们自己，按照这个方向去走。正确的路在哪里，中间的游戏规则是什么——双黄线、斑马线、红绿灯。这些游戏规则，都是按照价值观来制定的，否则我们就是一群乌合之众。什么是KPI？那就是里程表，没有里程表，跑了多少，还有多少公里要跑，你都不知道。但跑了很多，未必你是对的，也许违背了价值观，也许你的方向错了。

解读：方向不对，努力白费。明确自己的人生目标和企业使命，才能避免跑错方向。但方向正确不代表我们不会走上岔路。不知多少人眼睛盯着前进的方向，却走错了路，无论怎么绕都无法抵达终点。

马云把价值观比作高速公路上的红绿灯和黄线、白线，生动形象地诠释了价值观的指导意义。当我们朝着目标前进的时候，看到跟价值观不符的事情时，就应该像看到红绿灯一样，该走就走，该停就停。在行动的时候，应该遵循价值观标明的线路，而不要去"抄近道"。否则很容易误入歧途，离最初的方向越来越远。

情商高的人心里装着价值观，就像汽车装着卫星导航仪。他们的行动不是盲目的，既不会超出底线，又能灵活选择合理的路径。这样就能减少身败名裂的风险，平安抵达成功的彼岸。

拓展知识

从某种意义上说，价值观是从负面的方向思考问题。它画定了底线和边界，限制人们什么事能做、什么事不能做，剥夺了人们的某些自由。这种负面思考的方式可能令人不舒服，但它有存在的必要。正面思考固然能给我们带来积极上进的力量，但也可能带来某些潜在的危险。

有个常见的认识误区是把正面思考当成解决一切问题的锦囊妙计。正面思考可以增加你的信心，让你有更多动力去艰苦奋斗，但它无法阻止你变成脱缰的野马，无法阻止你在自我膨胀中变得越来越盲目乐观。

当你被单纯的正面思考困住时，就失去了自我纠错能力，很可能在错误的道路上越走越远。若真到了这一步，能唤醒你的只有惨痛的教训带来的痛苦、悲伤和绝望。假如你平时能有意识地用负面思考所包含的痛苦体验给自己适度的刺激，就能保持清醒的头脑。你对违反价值观的恶果感到恐惧，从而及时收手，就是负面思考带给你的积极影响。

宁可淘不到宝，也不能丢诚信

"云课堂"讲义

1．为什么有些人不肯坚持诚信原则？

2．不讲诚信带来的好处多还是坏处多？

3．情商高的人为什么都特别看重诚信问题？

商业行为是以信用为基础的，信用的崩溃会给社会带来很多负面影响。从这个意义上说，诚信不仅是一个人重要的道德核心价值观，也是一个维持商业大环境的支柱。没有人会讨厌诚信，也希望人人都能以诚相待，减少道德风险。但偏偏有人不肯坚持诚信原则，而是通过欺诈的手段来牟取私利。

马云在刚创业的时候常遭他人白眼，经常被客户误以为是骗子。他对此感到无奈，却也表示理解。因为当时的商业环境还比较粗放和混乱，人们对电子商务缺乏足够的信任。为了让广大客户真正信任电子商务，马云在阿里巴巴发展过程中多次发起整风运动，打击公司内部的不诚信行为。他为此背负了不少争议。

情商小案例

2016年中秋节本来是喜庆的一天，但阿里巴巴内部发生了一场风波，很快成为当时互联网的热点话题。

阿里巴巴集团安全部四名员工和阿里云安全团队的一名员工在秒杀月饼的内部活动中通过编写脚本代码的方式"秒到"了133盒月饼。此事被察觉后，首席风险官刘振飞与阿里云总裁胡晓明找这五名员工进行谈话，马云则亲自批示劝退参与这次事件的员工。

网络舆论有的赞同马云的做法，有的则认为马云太苛刻。但马云坚持认为，安全部的员工应该比一般员工更讲诚信原则。如果仗着自己技术高超而贪图小便宜，就很难保证在服务客户时不会以权谋私。

马云的心声

> 诚信不是一种销售，不是一种高深空洞的理念，是实实在在的言出必行，点点滴滴的细节，诚信不能拿来销售，不能拿来做概念。市场经济已进入诚信时代，作为一种特殊的资本形态，诚信日益成为企业的立足之本与发展源泉。面对诱惑，不怦然心动，不为其所惑，虽平淡如行云，质朴如流水，却让人领略到一种山高水深，这是一种闪光的品格。

解读： 人生处处有博弈。你在单位时作为工作人员跟客户博弈，下班后作为消费者跟商家博弈。这在市场经济中都是再正常不过的事情。博弈能力有大小，但诚信是无价的。每个人都只能在社会规则允许的范围内斗智斗勇，不能靠欺诈来牟取不当利益，否则就违反了市场经济的底线和做人的基本原则。

在马云看来，销售能力再强也不能违背诚信原则。因为没有诚信的人经不起利益的诱惑，会做出伤害公司利益的事情，会给团队同伴带来灾难。如果不能及时淘汰这种害群之马，就会连累所有人。

著名武侠小说家金庸先生给淘宝的亲笔题字写的是："宁可淘不到宝，也不能丢诚信。"诚信是市场经济时代最重要的无形资产之一。只有坚持诚信原则，才对得起广大客户，对得起公司的全体员工。

拓展知识

诚信就是言行一致，怎么说了就要怎么做，说到的一定要做到。无论是企业管理还是私人社交，诚信都是当之无愧的黄金法则。毕竟，谁也不希望在人际交往中被人欺瞒。建立互相机制就是为了保护双方在人际交往或者事业合作方面不受伤害。

即使你在其他方面没有什么出类拔萃的优点，只要在诚信上有口皆碑，依然能形成很强的竞争力。因为你的信用很好，可以吸引一些比你更有能力或者更有资源的人与你合作。他们跟你合作比较放心，相信你一定能做到约定好的事情。为了降低道德风险，他们宁可付出更大的代价，也不想去找实力强而信用差的合作方。

因此，情商高的人无不珍惜自己的信誉，有时候宁可自己吃亏，也要完成约定。这将让他们广结善缘，得道多助，更好地完成发展目标。

跟谁都说"yes"的人是没有原则的

"云课堂"讲义 ||||||

1．为什么有些人不善于拒绝别人?

2．拒绝别人一定会让你的人际关系变坏吗?

3．情商高的人在什么情况下会选择拒绝他人?

正直善良的人一般都会倾向于遵守价值观。但其中有些人很难做好这一点，因为他们不善于对别人说"no"，每次都说"yes"。当别人要求他们做一些违背价值观的事情时，他们会因为不敢断然拒绝而左右为难。

对于很多人来说，拒绝是一件不容易做到的事情。拒绝会让对方失望，很可能让人际关系从蜜月期转入霜冻期。那些跟每个人都说"yes"的滥好人，都非常害怕被对方当成"坏人"。为了保持自己的好人形象，他们只好顺从别人的要求，以博取认可。可这样一来，滥好人就会因内心疲惫不堪而失去自尊自爱，最终做出违背原则的举动。

马云一直认为滥好人是没有原则的，他们在该拒绝的时候不敢拒绝，在该说真话的时候不敢说真话。这样的人对自己、对别人、对公司都不负责。

情商小案例

马云在做"中国黄页"的时候，有一次在发工资前遇到了资金紧张的情况。他没有找借口拖欠工资，而是坦诚地把公司的困境告诉了所有人。这种真诚的态度反而让员工们表示理解，也更加认同公司。最终马云还是想办法按时发了工资。员工们自然很高兴，也相信马云是以诚待人。

马云一直奉行这种为人处事的准则。后来阿里巴巴并购了雅虎中国，不少雅虎员工不适应也不喜欢阿里巴巴的企业文化，当时的竞争对手也在不断挖人。于是，马云召集所有的雅虎员工，宣布了一个标准较高的"N+1"个月工资的离职补偿金政策。愿意留下的就同舟共济，想走的就好聚好散，绝不阻拦。结果当时只有4%的员工选择离职。

> **— 马云的心声 •**
>
> 我觉得忽悠别人是很容易的，我可以很虚伪地跟别人说，你很勤奋、很努力，坚持几年，一定能成功。实际上，你告诉他的是一条不通的路。我相信，人这一辈子，很多时候需要有人跟你讲真话，需要有人在关键时刻跟你讲真话。

解读： 在马云看来，滥好人实际上是一种虚伪的人，不敢在关键时刻跟对方讲真话，是在忽悠对方。滥好人越是害怕被当成"坏人"，就越是以虚伪的言行来掩盖自己的真实想法。这类人连起码的真诚都做不到，又怎么能称得上是好人呢？

滥好人这种无原则的做法，会让那些自我感觉良好的人继续犯错误。到最后，他们从挫折中尝到更大的痛苦，猛然醒悟自己做的一直都是错的。这时候，他们并不会把滥好人当成有同情心的好人，而是指责滥好人当初为什么不提醒自己。到头来，滥好人弄得里外不是人。

假如一开始就能坚持原则，该拒绝时就拒绝，该说真话时就直言不讳，反而能让彼此都省去许多麻烦。虽然对方可能会一度感到不高兴，但迟早会明白你的真诚，觉得你可以信赖。

拓展知识

我们不忍心拒绝别人，也害怕被别人拒绝。这是因为人是社会性动物，大脑经过千万年的进化形成了一个预警系统。当我们遭到拒绝时，这个预警系统就会判断你存在"被排斥出社会群体"的风险，用痛苦的心理体验来对你发出警告。这就是拒绝让人们感到痛苦的根本原因。

拒绝行为会给人带来痛苦、愤怒、自尊受伤和归属感破裂四种心灵创伤。如果不是大事，拒绝的理由也很充分，那么被拒绝者只是稍微难受一小会儿就过去了。假如拒绝的方式比较简单粗暴，有些被拒绝者可能会因自尊心受伤或者归属感破裂而恼羞成怒，甚至做出一些有攻击性的行为来发泄怒火。另一些人则会贬低自我价值，不再有信心去坚持尝试自己想做的事情。

故情商高的人在拒绝别人的时候会注意照顾对方的自尊心，把问题说明白，努力避免伤害别人。当然，有些执迷不悟的人需要当头棒喝才能幡然醒悟，这就需要棒喝者更好地拿捏分寸，否则很难产生效果。

压力不可怕，诱惑非常可怕

"云课堂"讲义 ||||||||

1．为什么人们很难抗拒诱惑？

2．情商高的人是如何看待诱惑的？

3．当诱惑出现时，我们应该怎样坚持自己的价值观？

　　人们在追逐梦想的路上，通常会遇到两只凶猛的拦路虎：一只叫"压力"，另一只叫"诱惑"。压力会让奋斗者失去坚持下去的信心，在困难面前退缩。诱惑则会让奋斗者偏离初心，放弃应该履行的使命，被自己的欲望吞噬。比起压力，诱惑这只拦路虎更难对付。

　　欲望原本是人前进的主要动力。饮食男女是欲望，理想抱负也是欲望。欲望越强烈，做事的动力就越强烈。世界上不存在绝对无欲无求的人，只不过每个人的欲望不尽相同，而且对待欲望的态度也大相径庭罢了。

　　经不起诱惑的人舍弃了价值观，沉溺于欲望当中。而情商高的人不仅能很好地应对压力，还能抗拒诱惑，把自己的使命感贯彻到底。

情商小案例

2011年，时任阿里巴巴企业电子商务总裁的卫哲负责调查内部员工勾结无良商家作弊一事。他努力把作弊商家的比例从1.1%降至0.8%，但没有追究相关内部员工的责任。马云等人认为这股不诚信的歪风邪气不可姑息，于是让当时兼任上市公司独立非执行董事的阿里巴巴上市公司审计委员会主席关明生率领调查小组彻查了公司所有的B2B团队。

彻查结果令人触目惊心，在2009—2010年涉嫌诈骗的阿里巴巴会员足足有1000多个，部分内部员工为了冲业绩而合谋作弊。阿里巴巴不得不关闭了几个刚运行一年多的海外办事处，上市公司COO李旭晖与上市公司CEO卫哲也主动引咎辞职。这个教训让马云等人后来一再强化集团的廉政建设。

> **马云的心声**
>
> 在这个诱惑面前，你还是不是坚持你的使命感？很多人在诱惑面前软掉了，在压力面前弯掉了。其实领导的最后实力在于勇气和坚持。真正的将军是在特别的时候才看得到的将军。大败敌军，掩杀过去的时候，这个将军的勇气和领导力你是看不出来的。撤退的时候才看得出来谁是优秀的将军。撤退的时候，在压力面前、在诱惑面前，敢于做到理想不减。

解读：扛不住压力的人，自身水平很难提高，是无法取得大成就的。有些人的抗压能力可谓出类拔萃，在极其艰苦的情况下做到了理想不灭，能克服重重困难完成任务，令大伙交口称赞。但是他们后来在各种诱惑下丧失了理想，舍弃了自己的使命感。

像这种晚节不保的英雄，古今中外有很多，今后也会层出不穷。他们的才气可能比其他人更高，付出的心血和汗水也会比其他人更多，更富于人格魅力。只是因为经不起诱惑而变成不堪的模样，着实令人惋惜。

马云在商海中经历过无数大风大浪，见证了不少在压力面前弯掉、在诱惑面前软掉的人。他希望大家都能成为败退时力挽狂澜的将军，能顶住压力和诱惑坚持理想，在别人都动摇的时候坚持信念。唯有这样才能善始善终，功德圆满。

拓展知识

如果一件事让你感到心里有压力，那么你就应该将其评估为一种威胁，而不是故作镇定地忽略它。心理压力是我们对事情的反应，里面可能包含了恐惧、无助、痛苦、愤怒、不信任等成分。每个人对同一件事感受到的心理压力是不一样的，并且会对特定的压力感到非常头痛。

我们的生活中隐藏着无数压力源。一旦遇到曾经对我们产生威胁的特定事物，就会产生心理压力，提醒自己去防御它，以免再次受到伤害。

只要压力源一天不消失，我们的心理压力就一天不会消失。当心理压力过重时，我们会感到身心俱疲，健康有所损伤。但人可以通过锻炼内心承受能力和增加外部支持的方式来化解心理压力。增加外部支持指的是构建充满爱、信任与支持的人际关系。这对疏导压力和增强信心有着举足轻重的意义。

第五章

————

这不只是一份工作——创业者马云的
职场修养课

————

　　职场是最能体现一个人情商水平的场合。情
商低的人在职场中很容易得罪人，处处树敌，给自
己增加阻力，本来可以顺利进行的工作因此变得步
履维艰。情商高的人则能摆正自己的位置，认清自
己的职责，做好每一项工作，跟上级领导、平级同
事和自己的部下都保持较好的人际关系，为事业增
添更多助力。马云对工作一直充满热忱，也知道很
多人在职场里过得不快乐。因此，他把"认真生
活，快乐工作"作为职场座右铭，让自己和创业伙
伴们不为职场问题而迷茫。

你的每一项工作都在影响别人的生活

1．你是否想过工作对你的意义？

2．你是否想过自己的工作对别人会产生哪些影响？

3．情商高的人通常是怎样对待自己不喜欢的工作的？

一个人对待工作的态度，在很大程度上会暴露其思想作风上的问题。对工作敷衍了事的人，责任感不会很强，说的话可信度较低。认真做事的人也许有其他缺点，但至少在态度上令人尊敬。

越是情商高的人，越会用心对待每一项工作。即使内心不喜欢，也会按要求把它完成，甚至超出领导的预期。说到底，你的工作不只跟你自己有关，还会影响别人的生活。你的一言一行代表着公司的信誉，因为客户对你的不满会转化为对公司的怀疑。

任何具有职业素养的人，都不会允许自己的工作失误给别人带来不应有的麻烦。当我们怀着这种积极心态做事时，工作才能完成得更出色，升职加薪的机会也更多。

情商小案例

马云创办阿里巴巴的头三年一直在亏损。那时候团队开展业务非常艰苦，要费很大力气才能说服客户接受在中国还不普及的电子商务。马云在2002年初提出阿里巴巴要"赚1元钱"的目标，不敢奢望盈利，但要求所有人一定要把工作做好。

2002年10月末，公司直销团队的干嘉伟从苏州打车到杭州，把4万元现金交到财务手上，完成了"赚1元钱"的目标。这个瞬间就是阿里巴巴开始盈利的标志。阿里人的认真和执着打动了越来越多的客户，为公司进入快速成长期奠定了基础。

马云的心声

我有时候去看那些小企业，确确实实挺难过的，他们每天有希望、有期待，我们每次的服务出来，他们总是在用，希望能够给自己多带来点订单，希望给自己多带来几个客户，这不是儿戏，这是他们生存的命根子。我希望大家知道这不只是一份工作，因为你的每一个程序，你的每一项功能，你的每一条编辑真正影响到别人的家庭，影响到别人的收入，影响到别人的企业能不能生存、能不能发展。我们真正做企业，就要真正帮助别人生存。

解读：这是马云对阿里巴巴国际事业部（ICBU）员工的讲话。他在股东大会上向股东承诺把阿里巴巴最强的团队放在B2B领域，再次把这块业务做起来。ICBU就是经营B2B的主力军，其主要客户就是广大小企业。

马云呼吁员工真正意识到自己的工作对别人的意义，是因为一般人不会深入思考这个问题。一般人只会想着手头的工作能赚多少钱，怎样做事才更加轻松，考虑的只是工作对自己的影响，而不太在意工作对别人的影响。

马云在创业过程中吃过所有小企业吃过的苦，又把为企业服务视为阿里巴巴的宗旨，很清楚自己的工作好坏能影响客户的命运。抱着这种使命感去做事，就会用心把工作做到极致，努力让别人的生活过得更好。别人受益于我们，我们也必将得到他们的信任和支持。

拓展知识

在职场中，我们必须关注和重视工作的社会属性。所谓工作的社会属性，就是你跟与你工作相关的人之间的人际关系。大多数人每天与同事相处的时间，可能比跟家人相处的时间还长，共同的工作会让众人产生情感纽带。假如处理不好职场上的人际关系，你的工作就会变得步履维艰。

你的每一项工作都在影响别人的生活。与此同时，你和同事也互相影响彼此的工作。过于疏远的关系，会让你与他人之间的协作比较生硬，执行效果可能会打折扣。但过于亲密的关系又会让人们把时间花在私人交情上，而不是工作上。这会对提高工作质量和效率产生阻碍。

情商高的人不仅会认真做好每一项工作，还会构建一个适度亲密和相互信任的职场人际关系。这将促进团队协作的效果，有利于提高个人士气，也能增加组织的生产成果。

从今天开始，认真生活，快乐工作

"云课堂"讲义 ||||||||

1. 为什么马云提倡"认真生活，快乐工作"？

2. 人真的能从繁忙的日常工作中找到乐趣吗？

3. 情商高的人是如何克服工作中出现的精神倦怠问题的？

认真工作是取得进步的前提。但随着工作压力的增加，人会产生精神倦怠，从而拖延工作进度。特别是我们在结束节假日刚回来上班的时候，往往会出现心情压抑、焦虑、悲观失望、自我贬低等现象，工作效率也会更低。毕竟，许多人还是会把工作当成辛苦而麻烦的事。倘若没有足够的激励措施，他们很难一直保持干劲。

马云最开始只是强调认真工作，但他很快发现员工在工作压力下感到不开心。员工的不开心最终会影响服务质量，客户对公司的评价也会降低。于是马云选择一张笑脸作为公司的logo，从而让大家在更加快乐的氛围下工作。

情商小案例

马云认为，员工是公司最大的财富，他们不快乐的工作是对自己不负责任。酷爱武侠文化的他在公司设法营造一个充满快乐的武侠文化氛围。他带头用武侠人物给自己起了个花名叫风清扬，其他人也如法炮制，比如，陆兆禧的花名叫铁木真，张勇的花名叫逍遥子。在公司内网里，他们就以花名相称。

马云还鼓励员工按照兴趣爱好组建俱乐部。结果形成了号称"阿里十派"的10个员工俱乐部。随着公司规模的扩大，"门派"也越来越多。员工俱乐部组织活动的照片都会贴在文化墙上。由此可见，马云想给所有的员工创造一个更人性化的工作环境，让大家能快乐地工作。

⸻ 马云的心声 •⸻

> 做公司，到这个规模，小小的自尊，我很骄傲，但是对社会的贡献，我们这个公司才刚刚开始，所有的阿里人，我们都很兴奋、很勤奋、很努力，但我们很平凡，认真生活，快乐工作。我们今天得到的远远超过了我们的付出，这个社会在这个世纪希望这家公司走远、走久，那就是需要它去解决社会的问题，今天社会上有那么多问题，这些问题就是在座的机会。如果没有问题，就不需要在座的各位了。

解读：无论成就高低，每一个努力生活的人都值得尊敬。而一个人是否努力生活，主要表现在对待工作的态度上。爱岗敬业的人以认真的态度做事，对自己的人生负责，不会因一时困苦而自暴自弃。不肯认真对待工作的人只是在混日子，看似占了许多小便宜，但内心充满算计，未必真的快乐。

马云提倡的"认真生活，快乐工作"，对广大上班族不乏现实意义。在我们的人生中，工作的时间占了很大的比例。如果在工作中遇到太多不愉快的事情，人就会感觉活得很累，回到家里也难有好心情。

不少家庭矛盾的起因是某一方把职场上积攒的压力宣泄在家人身上。假如人人都能从工作环境中感受到快乐，带着好心情回家，那么家里一定能充满欢声笑语。只有工作与生活相互促进，人生才更精彩。

拓展知识

管理学在人际关系管理问题上主要有X理论和Y理论两个体系。这两种理论对人性的认识截然不同。

按照X理论的假设，一般人天生不喜欢工作，总是会设法偷懒，少干活而多拿钱。人们只有在严格的监督下才能认真做事，而金钱激励可以令其保持工作的动力。信奉X理论的人在处理人际关系时往往是严厉、无情、专横、粗暴、功利和猜忌的。

Y理论的假设与之相反，认为人并不是不喜欢工作，而是希望做有价值的工作。如果人对工作满意，就会保持很高的干劲，对公司有归属感，就会把战略目标视为己任。信奉Y理论的人在处理人际关系时会更加人性化，重视加强双方的信任关系和感情深度，给予对方更多的鼓励和帮助。

情商高的人一般倾向于Y理论的人性假设。这使得他们更容易受到别人的欢迎、信任和支持，有助于实现快乐工作的目标。

职场不在乎新人老手，机会只留给有准备的人

"云课堂"讲义 |||||||

1. 职场中为什么经常出现新人和老手的对立？

2. 当新人逐渐变成老手后，心态会发生哪些变化？

3. 马云是怎样处理新员工和老员工之间的矛盾的？

　　每个人都经历过职场新人的阶段，随着工作年限的变长而变成职场老手。我们在新人阶段有许多不成熟的地方，需要向职场老手请教。而当我们成为老手后，可能会被公司安排带新人。但职场中的合作与竞争是并存的。随着新人的日益成熟，老手迟早会把新人视为新的竞争对手。

　　在不少企业中，新人和老手的矛盾十分尖锐。新人认为老手倚老卖老，不给自己发展的机会；老手则会抱怨公司太宠着新人，忽视老手的余热。这样的争议在阿里巴巴也发生过。马云一度为此头痛，但后来逐渐找到了解决办法，形成了一套不以入职时间长短来衡量新老员工的职场理念。

情商小案例

阿里集团中花名叫"郭靖"的邵晓峰曾是杭州市公安局的一名刑警，获得过"杭州市十大破案能手"的荣誉称号，在侦破重特大案件中有着优异的成绩。2005年他离开警队后，在马云的邀请下加入了阿里巴巴。

邵晓峰觉得自己不懂互联网，但马云认为他在警队积累的刑侦经验很适合主持网络安全工作。马云一开始就委以重任，任命邵晓峰为阿里巴巴集团网络安全部总监。他不是创业"十八罗汉"，但凭借着兢兢业业的工作，在多个岗位上为集团做出了重大贡献，入围了阿里合伙人名单。

马云的心声 •

这儿一大半的人是新人，老、新之间永远有矛盾，但是在我看来，应该没有新人和老人的区别，只有对和不对的区别，只有你有没有准备好的区别。有的人在我们公司待了10年，他还没准备好，你说他是新人还是老人？有的新人待了3个月，他一下子适应了，你觉得应该给谁机会？只能是给那些准备好的人机会。更何况这么发展、这么多变、这么创新的一个行业，明天对我们任何人来讲都是新的。不能因为你多待几年就是老人，你新进来就是新人。

解读：职场中的新人和老员工永远都有矛盾，但领导者可以换一种思路来看问题。在一般人眼里，先进公司的是老员工，后进公司的是新人，新人没有老员工有经验。但是马云发现，有些老员工在公司待了很多年，依然

无法担当重任。他认为这样的员工跟缺乏经验的新人没什么两样，不值得重用。

站在公司发展的角度看，无论是新人还是老人，都不重要。只要能适应新形势的变化，按照要求做出相应的成果，就是好员工。对于这种做好战斗准备的员工，领导者就应该多多给予机会，让他们创造价值。至于那些没有准备好的人，即使是创业元老，给他机会也白搭。

马云的认识抓住了工作的本质。不管你是新员工还是老员工，给予机会关键在于你有没有做好准备，能不能挑起重担。在没有准备好的时候不要抱怨没人给你机会，力求让自己准备好迎接一切调整，这才是情商高的人应有的职场修养。

拓展知识

新老员工的利益冲突，本质上是双方在争一个"公平"。无论是职场管理还是人际交往，公平性是很重要的。展示公平性是正确的，能让大家都接受，堪称处理问题的黄金法则。不过，要想真正做到秉公办事，不是那么容易的。

首先，做判断的人未必有公心，可能会偏袒跟自己关系更亲近的一方。这种做法必然会牺牲一方的利益，让矛盾变得更加激化。

其次，判断公平性的依据可能存在争议。假如双方没有一个统一的标准，无论怎么做都会有一方认为不公平。

最后，判断公平性的过程必须有说服力。有些事的对错明摆着，但如果没有严格的判断程序，就很难让人心服口服。如果不能服众，那么通过展示公平性来解决纠纷的初衷就落空了。

　　情商高的人会通过换位思考的方式，充分了解各方的立场和利益诉求，然后再综合考虑各种因素，给出一个较为公平的判断。

脚下的步子要扎实，手上的活要干好

"云课堂"讲义 ||||||||

1. 马云说的"脚下的步子要扎实"是什么意思？

2. 当我们经验不足的时候，怎样才能做好手上的活？

3. 情商高的人如何在工作中磨炼自己的能力？

实力、勤奋、平台和机遇是获得成功的四个要素。缺少任何一个要素，都会限制你的发展高度。在这四者之中，机遇是可遇不可求的，平台的大小也非你能决定。

我们能把握的只有实力和勤奋。把这两点做好，你就能在职场中争取更好的平台，捕捉更多的机遇。用马云的话说就是"脚下的步子要扎实，手上的活要干好"。

实力的增长是一个循序渐进的过程。把本职工作的基本功练扎实了，把手头上的各项任务做到位了，人的成长潜力才能不断地转化为实力。所有人都是这样走过来的。

这个过程的长短因人而异，但都要经过艰苦奋斗，谁也不能随随便便、轻轻松松地达成目标。许多人的勤奋程度是虎头蛇尾的，越往后越懈怠，于是久久不能成长。

情商小案例

马云的构想很大，但非常重视细节上的建设，凡事从大处着眼，从小处着手。他曾经在内部会议上对员工们说："今天我们面临的问题很多，但是我们的对手也比我们好不了多少。咬咬牙多熬一分钟，多完善一个程序，多做好一点点服务，多服务好一个客户，我们赢就赢在0.01秒。"

当时阿里巴巴和竞争对手的竞争非常激烈，双方的员工都在努力拼搏，谁都不想在较量中失败。所以马云才激励所有的员工要在每个细节上都比对手做得再好一点点，力争获得0.01秒的领先优势。

马云的心声 •

我经常讲：人要想清楚有什么、要什么和什么东西是要放弃的。B2B同样是这样，别老是去看淘宝；就像陆兆禧离开B2B进入支付宝，眼睛就盯上了支付宝。

我觉得B2B相当了不起，今天在座的每个人，你们比谁都知道、比谁都感受到淘宝气势如虹，支付宝整得不错，就是股票天天在掉，还是一如既往嘻嘻哈哈、认认真真地工作，我对大家的这种心态表示钦佩。后面还是要这样，不管什么情况，这种乐观的精神一定得保持，但是脚下的步子一定要扎实，手上的活要干好。

解读：踏踏实实地工作是增长实力的唯一途径。凭实力升职加薪，才能在职场中屹立不倒。不过，要做到这点很不容易。许多人开始也是下决心要脚踏实地地做好自己的本职工作，但时间一长就乱了脚步。

人们在看到别人成功之后很难保持自己的节奏。原本下决心要用三年时间来完成任务，以便让自己的成果具备无可比拟的竞争力。但身边的人像上了发条一样争分夺秒，片面追求早日做出成果。

这时候，你可能会受到影响，也随之提速，打乱原先的节奏，工作质量下降是必然的。

此外，人们很难忍受踏实工作的烦琐。要想把手上的活做好，就得把工作具体化。粗枝大叶的工作方式是不可能做好的。这就使得你不得不沉浸在大量烦琐的细节调整当中。许多人就渐渐地变得敷衍了事，不肯再下苦功夫。如果不注意改正这些问题，你就很难取得真正的进步。

拓展知识

阻碍人们踏实做事的不只是好逸恶劳、好高骛远，还有对未发生之事的恐惧。在我们经验不足的时候，很难准确评估风险和控制风险，于是往往在事前把风险想象得十分恐怖。这些想象中的情景并没有在现实中发生，但已经牵扯了我们大半的精力。

如果你把注意力放在了降低未发生之事可能带来的损害上，那么就容易为无关紧要的琐事分心，难以专注做好手中的活。

为此，我们要学会冷静下来问自己：我害怕的事情真的是我目前真正该担心的事情吗？在此基础上，调查更多信息，确认自己的担心是不是多余的。

情商高的人会让思维停留在当下正在发生的事情上，不会想太多尚未发生的事情。他们并非不会为未来的事感到焦虑，但能缩短焦虑时间，把注意力集中在手头上的活。在合适的时间做相应的工作，是他们处理好事情和保持好心情的诀窍。

从现有的岗位做起，让自己不断升值

"云课堂"讲义 ||||||||

1. 职业生涯规划对一个人的发展有多大影响？

2. 假如你不喜欢当前的岗位，应该怎么办？

3. 怎样才能让自己不断升值，成为公司倚重、业内尊敬的人才？

能找到自己喜欢的工作的人只是少数。大多数人一般不太喜欢自己当前的工作，只是因为生活压力而被迫接受。这使得他们很难真正做到爱岗敬业，被那些干一行爱一行的奋斗模范甩得很远。

人人都希望在职场中获得更高、更满意的职位，但很少考虑自己的能力是否与职位相匹配。你认为自己有价值，不代表公司认为你有价值。客观的绩效评估可能跟你的主观认识存在较大的差距。

要想改变这个局面，唯一的出路就是从现有的岗位做起，展现出你的实力和成长潜力，让自己不断升值。你创造的价值越高，你在公司的分量就越重，就有希望获得更多机会和资源。

情商小案例

马云早年把比尔·盖茨、巴菲特当成榜样，但在创业的时候才发现，这些榜样的做法他没法借鉴。他说："后来我才明白，一个人创业其实应该以隔壁卖馄饨、做理发的小李、小王为榜样，只有那样你才知道怎么干，才有操作性。"

这看起来像句玩笑话，但马云在工作中确实严格要求年轻人立足于自己的岗位来做事。他还在公司设置了两套职业生涯发展路线，根据每个奋斗者的特点来提拔他们，避免出现"多了一个烂主管，而少了一个好专家"的人才浪费现象。

— 马云的心声 •

> 假如你是这个公司的老板，你要把自己当打工者看；假如你是一个打工者，你必须把自己当老板看。如果是一个职业经理人，只要我在这个部门做事情，就要坚定不移地认为自己就是这个业务的老板，要承担所有的责任，只要我觉得什么是对的，我就拍板下去，除非你把我开掉。假如这个公司是你开的，假如你的理想很大，你要记住，你就是一个打工者。我觉得我就是一个职业经理人，我为谁打工？为2.3万名员工打工。有一天我累了，打工打不动了，我会很开心地离开公司。如果每个人都这么想，你的心态就会很好。

解读：无论我们目前处于什么岗位，都是团队的一分子，都是公司大战略的执行者之一。把个人岗位的分内之事做好，才能给其他岗位减少麻烦，提高整个团队的运作效率，让大家共同完成更好的工作成果。

出于这种考虑，马云建议每个人都从小事做起，从自己的岗位做起，学会支持自己所在的团队，支持自己团队所做的事业。按照这个建议来拼职场，不光对公司发展有利，对我们个人的成长也有很大帮助。

公司对你的价值评估是从你当前的岗位开始的。当你为团队做出了很大的贡献时，公司就会考虑让你到新的岗位上发挥更大的作用。你每做好一个新岗位，就升一次值，谁也无法再忽视你的成长潜力。假如你连最初的岗位都做不好，就不可能被高层看作有培养潜质的优秀人才。

拓展知识

每个人刚进入新岗位的时候，都会觉得事情还没到很好的状态。不确定性因素太多，以至于你时不时会假设各种情况，并因此产生怀疑和恐惧。这些心理活动都是成长过程中的一部分，是我们提升自己的必经阶段。

美国临床心理学专家塔玛·琼斯基指出："当我们动手开展新计划时，我们需要加入了解与接纳的元素，接纳既有的现实：错误、失败、批评、改变，对，还有得过且过与完美主义。"

很多看起来像是错误的行动，其实都是因为我们没有充分了解信息。大家都是在不断试错中积累经验，一点点地增长实力。这一切行动都有助于我们的最终成长。因此，为了未来的成功，情商高的人会勇敢地拥抱失败的现在，在得过且过和完美主义之间找到平衡点，不走任何一个极端。

第六章

——

真正了解别人的痛苦——服务者马云的换位思考课

——

马云把阿里巴巴定位为一家服务公司，要求公司上上下下都要真正去了解客户的痛苦，怀着感恩和敬畏之心帮客户排忧解难。这个做法体现了他出色的换位思考的意识。那些以自我为中心的人只顾自己舒服，而不管他人的痛苦。这样下去，周围的人与他们的关系就会越来越紧张。而情商高的人往往善于理解和倾听别人，懂得用心去体会对方的感受。他们以真诚善待别人，之后别人也会对他们抱以敬意。如此一来，大家的关系就能变得融洽，互惠互利，各得其宜，彼此都开心。

情商高不是会拉关系，而是善于理解和倾听他人

"云课堂"讲义 ||||||||

1．为什么说情商高跟会拉关系不是一回事？

2．为什么很多人嘴上说要理解他人，但实际上做不到？

3．如何提高自己理解和倾听他人的能力？

人际关系能力是情商的一个重要组成部分。在不少人眼中，它几乎就是情商的代名词。这导致大众经常误以为情商高就是会来事、会拉关系。殊不知，会拉关系的人不一定真的情商高，也可能只是善于见风使舵而已。他们表面上恭维和巴结别人，骨子里其实缺乏对人的尊重和体谅。

情商高的人确实善于处理人际关系，但他们并不是靠讨好他人来拉近关系的。那种做法一旦被别人察觉，他们就不再会被信任。真正打动人心的是真诚的理解和倾听。倾听对方的真实感受，理解对方的处境和痛苦，是改善人际关系的大前提。做不好这点的人很难被大家信赖和尊敬。

情商小案例

马云受军旅电视剧《历史的天空》和《亮剑》的启发，在公司内部设置了阿里政委。阿里政委是有阿里特色的HR（人力资源），担负着公司文化传承和干部培养等使命，在用人问题上有一票否决权。

马云对阿里政委们说："HR（人力资源）是整个组织的情商。情商绝不是搞关系，情商是理解别人、倾听别人，去沟通，关键的时候坚持原则。"阿里政委把50%~60%的时间用于跟员工谈心，了解他们的家庭生活、业务进展、团队关系等情况，为员工排忧解难。这项措施大大改善了阿里团队的氛围。

马云的心声 •

　　阿里巴巴最早对员工心态的设计，我也花过很多心思。昨天跟一个做企业的人分享，他问我怎么接近员工，怎么让团队团结起来，怎么让员工觉得开心，服务好员工？我说，在我做员工的时候，对老板不满意，心想有一天我当老板了，我要这样那样；所以你今天是领导了，就设想一下当普通员工的时候，你希望老板公正，希望他做正确的事情，你就应该坚持这些东西。

　　解读：不善于处理人际关系的领导者比比皆是。如何让自己的员工心往一处想、力往一处使，是他们感到非常头痛的问题。由于职务的差异，领导者和员工在组织中处于不对等的位置，自然容易产生隔膜。想让员工跟领导者完全打成一片是很难的，但这并不意味着我们不能有所作为。

大多数员工并不期待跟领导者成为知心朋友，他们只是希望领导者能了解自己的辛苦，承认自己的贡献，给予自己公平的待遇。这些要求其实很简单，只要做到了，员工就会感到满意，乐于为领导者付出更多。

假如领导者像防贼一样防着员工，不肯听员工反映实际情况，就会失去众人的信任。可只要领导者愿意倾听，愿意放下身段去了解员工的难处，隔阂就会随之消失。毕竟，没有哪个员工不希望自己遇到一个作为坚强后盾的领导。

拓展知识

每个人理解他人感受的能力是有差异的。对于那些不能理解别人感受的人，不能说他们没有同情心。他们可能是有同情心的，也想去同情别人，只是因为同理心太弱，所以没法真正了解对方的感受。

同理心和同情心看起来相近，实际上是两个不同的概念。同情心是根据自己的经验去体会他人的感受。有同样经验的时候就能善解人意，但缺乏相关经验的时候就无法理解对方的喜怒哀乐。同理心则是根据对方的特殊情况去体会他人的感受。无论自己是否有同样的经验，都能比较清楚地感受对方的痛苦、悲伤、焦虑和快乐等心情。

缺乏同理心的人不理解对方为什么会产生这样的感受，所以在安慰别人的时候往往会否定对方感受的真实性，认为一切都是对方的错觉。这样的交流自然起不到任何积极效果，也不可能真正打动人心，只会给彼此的人际关系增加新的隔阂。

愚蠢的人用嘴说话，智慧的人以心交流

"云课堂"讲义 ||||||

1. 为什么说一个人的说话方式能体现其情商水平？

2. 情商高的人一定是口若悬河式的说话风格吗？

3. 怎样才能把话说到别人心里去？

沟通是一门培养认同感的艺术。认同感会拉近彼此的距离，加深相互了解和信任，为求同存异、合作共赢创造有利条件。

遗憾的是，许多看似健谈的人只是喜欢表达自我，并不懂得沟通之道。他们说得越多，越会暴露自己"想得太多，读书太少"的毛病，导致对话以冷场或者不欢而散告终。

愚蠢的人只懂得卖弄唇舌，有智慧的人才深知沟通的本质是用心交流。只有把话说到对方心里去，对方才能认同你，相信你不会对他们图谋不轨。若是不能取得别人的信任，沟通就进行不下去了。

用心交流的沟通方式正如李小龙的武术哲学——以无法为有法，以无限为有限。用心交流不是靠背几套话术就能做到的，语言技巧只是其形式，关键在于你得先学会将心比心。

情商小案例

马云第一次跟雅虎中国的员工见面时意识到了这些员工对阿里巴巴并购雅虎中国一事有抵触情绪。他的开场白是："首先我很抱歉，因为制度要求，我不能预先跟大家做沟通；其次，请大家给我一个机会、一些时间，留一年下来观看；最后，希望大家在一个有空调、像公司的地方舒舒服服地上班。"

阿里巴巴与雅虎中国的员工因企业文化差异而有很大的隔阂。马云用真诚的态度拉近了与雅虎员工的距离，逐步改善了新老团队的氛围，为后来整合雅虎中国的资源打下了较好的基础。

马云的心声 ·

聪明是智慧者的天敌，傻瓜用嘴讲话，聪明人用脑袋讲话，智慧的人用心讲话。所以永远记住，不要把自己当成最聪明的，最聪明的人相信总有别人比自己更聪明。即使跪着，我也得最后倒下！

解读： 有些人智商很高，但一开口就像个傻瓜。因为他们觉得自己是聪明人，把沟通对象当成笨蛋。在交谈过程中，他们总是假设对方一无所知、离不开自己的帮助，于是态度变得傲慢而专横，说话时不过脑子，被别人讨厌也是情理之中的事。

为了克服这种夜郎自大的心态，马云建议人们不要把自己当成最聪明的人。要相信世界上总有人比我们聪明，跟别人交谈的时候要保持虚心的姿态，不要把别人当成傻瓜。

即使对方的智商和情商确实不如我们，我们也不要因此看不起他们。情商高的人在遇到这种情况时，只会更加注意摆正自己的心态，把沟通对象放在跟自己平等的位置上。

不卑不亢的语气，扣人心弦的措辞，真诚替对方着想的建议，这些都是高情商沟通者的特征，也是马云对服务者的要求。做个能用心交流的有智慧的人，你和对方的痛苦都会减少很多。

拓展知识

用心交流的核心是善解人意，善解人意的基础是换位思考。换位思考就是真正去了解你身边的人到底需要什么。不懂换位思考的人常犯三个错误。

（1）碰壁后才换位思考。别人的个性、爱好、价值观、行为习惯都与你存在差异。假如你在开始的时候没有换位思考，就很可能冒犯对方，让交谈双方不欢而散。因为你认为好的东西在他们眼中说不定是不可接受的。愚蠢的人等事情闹僵了才想起要换位思考。而情商高的人一开始就会这样做，减少不必要的碰壁。

（2）固执己见。有些人就算倾听了对方的意见，还是会选择固执己见。即使他们自己根本搞不定麻烦，也不肯虚心听从别人的意见。这种刚愎自用的沟通方式是缺乏诚意的。如果交谈对象性格偏软，他们虽然不会当面争执，但会左耳进右耳出，不把你说的话当回事。如果交谈对象性格要强，他们就会跟对方继续争论下去。

（3）根据错误的信息换位思考。也许你有心换位思考，但没有从可靠的途径了解情况。你一开口就暴露了自己对某件事情的认识非常浅薄无知，对方自然不会给你好脸色。换位思考最重要的是真诚，而尊重事实才能体现你的真诚。

先帮别人赚到钱，才能让自己也赚钱

"云课堂"讲义 ||||||||

1．为什么马云提出"要帮客户过冬"的口号？

2．情商高的人会怎样处理己方利益与合作方利益的关系？

3．如何避免在赚钱的过程中沦为金钱的俘虏？

工作中的一大难题是处理自身利益和他人利益的关系。不考虑自身利益是本末倒置，但不顾及他人利益会给你的事业平白增添阻力。情商高的人总是以关爱自己为本，同时兼济他人，力求促成一个皆大欢喜的局面。

比如，公司要求员工为客户提供优质服务，根本目的是赚钱。只有让客户满意，他们才愿意购买你的产品和服务。这是最简单的等价交换，双方都会满意。但是，当客户遇到困难的时候，很多人就只会表示"爱莫能助"，不愿付出更多。

马云的过人之处在于把"要帮客户过冬"这句口号当成实事来做。他很清楚只有先帮别人赚到钱，自己才能赚到钱。

情商小案例

2008年的全球金融危机对做出口贸易的中小企业产生了猛烈冲击。无数企业因订单锐减和融资困难而纷纷倒闭。阿里巴巴历来以中小企业为主要服务对象，在这场经济危机中也受到了影响。

尽管阿里巴巴也遇到了困难，但马云相信只有让广大客户赚到了钱，自己才能赚到钱。为此，他率领阿里巴巴上下启动了一个帮助中小企业"过冬"的计划。采取一面调动集团旗下的各种资源来帮中小企业寻找订单、做出口内贸，一面降低费用让利给中小企业的措施，把自己45%的利润降低到25%。

在马云的运筹下，阿里巴巴与客户们共渡难关，迎来了经济复苏。阿里巴巴和马云也因此在商界留下了更好的声誉。

马云的心声 ·

后来我根据客户第一的原则，我们帮人家，我们有义务帮助人家过冬。我说不能给客户写信，那就给员工写信，这信一定会传出去的。传出去以后媒体开始炒，说阿里巴巴遇上冬天了、电子商务遇上冬天了，马云快不行了。发出这封信不是为了热闹，我们是真正客户第一。我认为做企业不要在乎别人怎么看，要在乎你自己怎么看这个世界。就像我们每次季报出来，其实我觉得是蛮好的，但是别人拿出来说阿里巴巴掉了15%，而不是说阿里巴巴涨了40%多的客户。每个人的角度不一样，如果一个人为了媒体而活着、为了脸面而活着，不是为了自己的心而活着，你会活得非常之累。

解读：马云让利给客户的行为，在当时被媒体嘲讽，令商业伙伴也感到不理解。他们认为阿里巴巴在困难时期"舍己为人"只会倒得更快。但事实证明，阿里巴巴活了下来，阿里巴巴的客户大多也存活了下来。虽然马云的公司少了很多盈利，但是赢得了更广阔的市场。

有些事后诸葛亮认为马云通过出血让利来博取声名，一切都是精心算计的结果。可问题是，当初没有多少企业家做出跟马云相同的选择。如果这个做法一定能名利双收，那么为什么其他"聪明人"不做呢？

你将心比心地帮客户，客户才会信任你这个共患难的朋友。马云那句"做企业不要在乎别人怎么看，要在乎你自己怎么看这个世界"一语道破天机。他顶住压力帮客户过冬，只是把"客户第一"的承诺坚持了下来。

拓展知识

人在困难阶段，会比平时感到更加孤独和恐惧。尤其是那些小企业主和创业者，对大环境感到无力，内心对失败的恐惧会放大，情绪容易失控，难以听进逆耳之言。马云制订的帮客户过冬计划，满足了他们的精神需求。

要想帮助别人克服对失败的恐惧，最好的办法是总结失败的经验教训。然而，直接给合理化建议的效果并不好。客户被挫败感压得透不过气，还没调整好心情，只想听鼓励和安慰的话。为此，只有把情感支持和经验教训的总结融为一体，才能让他们真正振作起来。

先处理心情，再总结经验，高情商的人在为别人服务的时候，都会遵循这个原理。在此基础上，我们可以辨析对方失败的主要原因，指出其中包含的成功因素。这样可以更快地帮对方重新振作，一起为扭转局面而努力。

缺少感恩和敬畏的人，得不到对方的尊重

"云课堂"讲义 ||||||

1．什么是感恩之心？

2．什么是敬畏之心？

3．保持感恩之心和敬畏之心是否意味着我们不能为自己感到骄傲？

有些人缺乏感恩之心和敬畏之心，没有摆正自己的位置。把别人的帮助视为理所当然，用得着对方的时候就百般讨好，用不着对方的时候就冷若冰霜。这种为人处事的态度暴露了他们在情商上的缺陷。

一个人的成功固然要靠个人努力，但也离不开时代背景、工作环境以及他人的帮助。当你向人求助的时候，应该抱着感恩之心致谢，对自己的工作怀有敬畏之心。因为别人帮助你是情分，不帮助你是本分。没有人愿意被自己帮助过的人当成费力不讨好的冤大头。

情商高的人从不缺少感恩和敬畏。即使面对的是不如自己的人，依然能保持尊重的态度。你尊重他人，也会收获来自他人的尊重。大家在相互尊重

中一同解决问题，岂非生活中的一大乐事？

情商小案例

马云说过，自己能取得今天的成就，最该感谢四个人。第一个是为阿里巴巴投资的软银总裁孙正义，第二个是雅虎（Yahoo!）的创始人杨致远，第三个是武侠小说家金庸，第四个是自己的创业伙伴蔡崇信。

这四个人在不同阶段对马云产生了很重要的影响。如果没有他们，马云的创业之路可能就会中途夭折，阿里巴巴也不会变成一家个性十足的互联网公司。马云还说，如果非得选一个最感谢的人，那就是蔡崇信。这份感激让蔡崇信成为马云之外阿里唯一的永久合伙人。

马云的心声

今天的阿里巴巴能走到现在，而且越到现在我们越充满感恩，越到现在我们越有敬畏之心。我认为，现在很多年轻人有点浮躁，缺乏了信仰。何为信仰？信就是感恩，仰就是敬畏，还有要改变自己。我们总埋怨外界，别人是错的，却从来没有想过自己应该干吗，该做什么样的事情来完善自己。

解读：总是埋怨外界，把过错推给别人，而从不在自己身上找原因。如果你身边有这样的人，最好远离他们，不要与之交心。这样的人既不知何为感恩，也不懂得保持敬畏，更不会跟你真心实意地做朋友。总有一天，你会成为他们抱怨的对象。

缺少感恩和敬畏之心的人，是不可能做到换位思考的。因为没有感恩之心时，人会把对方看成麻烦、障碍甚至垫脚石，对方的痛苦对他们来说是无所谓的。由于不怀着敬畏之心去待人处事，他们内心的傲慢无礼迟早会被不恰当的言行暴露出来，遭人厌恶。

感恩和敬畏就是平等而真诚地对待别人，以心交心，以尊重换尊重，不自恃高人一等，不戏弄他人。我们要时刻牢记，敬人者人恒敬之，爱人者人恒爱之，这个道理永远不会过时。

拓展知识

尊重他人是处理人际关系的黄金法则之一，因为每个人都希望得到他人的尊重。如果你可以做到这一点，对方就会投桃报李，用更多的敬意和善意来进行交流。反过来，当对方以不礼貌的方式对待你时，你肯定也会感到很不舒服，巴不得马上中止对话，或者报复对方。

情商高的人深知尊重体现在很多细节上，所以一言一行都非常注意。他们对不同身份、性别、年龄、地域、地位的人都能以礼相待，而不会像某些势利之人一样把人分成三六九等。而且他们总是能带着同理心去倾听别人的烦恼，即使不赞成对方的意见，也会选择比较温和的方式来处理矛盾。

人们对自己是否得到尊重有很敏感的直觉。你在问候时主动伸手致意、在交流时保持着友善的眼神、在倾听时不打断对方说话、在发言时不说伤人的或者有侮辱性的话语，就能让对方感受到你的尊重。

理解对方的痛苦，把麻烦留给自己

1. 情商高的人为什么能体谅别人的痛苦？

2. 在理解对方的痛苦后，我们应该怎么做？

3. "把麻烦留给自己"是否会让我们变得不堪重负？

人人都希望工作与生活中能少一点麻烦。这种愿望无可厚非，但有些人总是为了自己方便而给别人添麻烦。更可气的是，他们太以自我为中心，不把别人的痛苦当痛苦，为自己能转移麻烦而得意扬扬。

这种品质低劣的人随处可见，他们给自己身边的人造成了许多困扰。马云对此引以为鉴，反其道而行之。他要求包括自己在内的全体阿里人都要去真正了解客户的痛苦，把麻烦留给自己而不是客户。他认为，当客户感到麻烦的时候，就离我们失去他不远了。

马云还多次强调所有人都要经常反思，自己的产品和服务是不是真的能帮助客户解决痛苦。阿里人就是通过这样的换位思考来不断改善服务水平的。

情商小案例

有很多公司把目光放在竞争对手身上，跑到一半的时候，别人一出什么新招，自己就跟着出什么招，结果疲于奔命。马云认为，这个做法是不明智的，应该把时间花在客户身上，花在服务上。

马云为了贯彻不把麻烦留给客户的理念，长期以来对阿里巴巴的网站和产品进行"马云测试"。他一直没有钻研技术，让自己能体验到不懂技术的普通客户在使用相关产品时的感受。如果不方便，他就会让技术人员把东西做得更加简单，让客户拿起来就能使用。

马云的心声 •

我们以前的产品尽管简单，但是实用，今天在座的有多少人真正了解小企业的痛苦、创业者的痛苦？真正了解痛苦的是那些直销人员，他们一家一家上去敲门，最为辛苦，但是他们没办法把信息反馈回来或者没办法参与后台建设。后台产品越来越多，但是到底有多少是真正能够帮助到小企业的？

解读：马云的告诫给所有的服务者敲响了警钟。谁都希望自己的工作轻松一点，少遇到一些麻烦事。这种心情虽然可以理解，但有些事是不能做的。你在为别人服务的时候，不能只顾自己轻松，而把麻烦留给客户。客户中有各式各样的人，没耐心的客户会因为嫌麻烦而不再跟你合作；有耐心的客户虽然暂时不计较，但只要有人能提供更加人性化的服务，他们就会头也不回地离开。

有些服务人员在抱怨客户难伺候的时候，应该回过头来想一想，自己是否真正服务到位，有没有把麻烦推给客户。如果有，你就没有理由抱怨，一切都是你自己造成的；如果没有，你就要考虑自己是否真的了解客户的痛苦。

虽然你的态度可能很积极、热情、友善，但客户真正想要的东西，你可能没有提供。你只是按照自己的感觉，提供了客户实际上不需要的东西，给他们造成了困扰。这就是换位思考不到位的结果。

拓展知识

理解对方的痛苦本质上是一个找到共同点的过程。借助同理心的力量，去了解对方为什么感到痛苦。尤其是当双方产生了冲突，对方咄咄逼人的时候，辨别共同点有助于我们理解冲突的本质。对方的愤怒往往来自某种痛苦，如果能弄明白这种痛苦，就有望找出化解争端的办法。

情商高的人在处理这种局面时，会采取循序渐进的策略。首先是对争议中的分歧有一个清晰的认识，弄清楚分歧产生的原因；其次是在双方无法达成一致的时候，力求做到让双方承认彼此的立场均有合理之处；最后是通过寻找共同点来鼓励两种立场走向融合，最终实现求同存异，把对方的痛苦和愤怒解决。

需要注意的是，我们这么做的目的不是要说服对方接受什么观点，而是要确保双方能够彼此理解，在相互澄清立场的过程中找到利益的平衡点。

记住！别人永远期待我们做得更好

1. 如何正确对待别人的批评意见？

2. 当别人没有提出新的要求时，我们是否应该主动改进自己？

3. 情商高的人是否会要求自己完美地满足所有人的期待？

在很多时候，你的所作所为都是为了达到对方的期待。在你的人生道路上，会遇到父母、老师、朋友、同事等的期待。你不是为了别人的期待而活，但别人的期待会给你带来动力和压力。这是每个人都会遇到的问题。

马云最开始背负着创业伙伴的期待，一点一点把公司做起来。随着阿里巴巴的规模不断扩大，作为最高领导者的马云背负的期待越来越多。而阿里员工同样背负着客户日益增长的期待，工作压力也变得愈加沉重。

我们做得够好了吗？马云经常思考这个问题。他敏锐地意识到，客户的期待只会越来越高，阿里人不能在昔日的功劳簿上吃老本，必须更严格地要求自己。

情商小案例

2011年2月25日，马云在淘宝年会上向淘宝员工表达了期待和感谢。在他看来，任何伟大的想法都需要点点滴滴的努力来实现，淘宝员工应当为自己的努力感到骄傲。不过，马云同时指出，淘宝的未来还有很多麻烦事。

已经有很多人在抱怨淘宝、投诉淘宝。马云认为淘宝上有人卖假货，也是淘宝的责任，不能说别人解决不了的事情我们就不去解决。客户永远期待淘宝做得更好，所以马云也要求全体员工以真诚的服务回报客户的期待。

> **马云的心声** ·
>
> 我想告诉大家，客户已经不是昨天的客户。今天我们自己觉得很好，我个人觉得我们淘宝是在电子商务2.0时代中最好的，但是现在别人提出的需求已经是3.0，而真正的电子商务应该达到4.0。如果我们还停留在2.0时代，我们将会有很大的灾难，所以这是我想告诉大家的，客户对大家的期待不一样。你看我们淘宝商城发展得好不好？我觉得也挺了不起，做到现在为止，一年也有几百亿元，但是你卖得越多，客户越不满意。

解读：马云指出的现象，不仅发生在淘宝内部，也会出现在人们日常生活方面。你自以为做得很好，应该让人感到满意，不需要做得更好了。但事实上，对方对你有很多抱怨，只是没有说出来罢了。这种误会的根源是双方的期望值不同。

你还在用老眼光看待对方，以为对方一直没有变化。可人是会随着时间和环境而改变的，会产生新的想法和新的需求，对你自然也会有新的期待。假如沟通不到位，你就不会注意到这一点，忽视对方的新要求。这样做肯定不会令人满意。

无论你做得多棒，别人永远会期待你做得更好。你在为对方服务的时候，不能想着"我已经够好了，别人连这都做不到"，而要自己跟自己比，看看自己到底是进步还是退步。能虚心接受批评的人，会一直成长下去，不断超出别人的预期。

拓展知识

提高自己的服务水平不是坏事，但也要注意不能陷入以取悦对方为中心的误区。满足别人的期待要采用不卑不亢、大方得体的方式，一味地讨好只是一种低情商的表现。

你在满足对方的期待的同时，可以用一种方法来提高他们对你的满意度。这种方法就是表达你的同理心。单纯的倾听并不会产生同理心的交流，而且会给对方留下"无论我提什么要求，你都会照单全收"的印象。假如你能向交谈对象表达出自己的同理心，他们就会将心比心，不再对你提出过高的要求。

表达同理心的技巧包括提出开放式问题、放慢交谈的节奏、把积极的肢体语言融入对话中、通过讲故事的方法来让对方感同身受。因此，你在表达同理心的过程中一定要把握好对话方向，免得变成一场漫无目的的聊天。

第七章

—

乐观、积极和坚持——奋斗者马云的情绪调节课

—

　　当你为梦想而奋斗时，必定会面临重重考验。在这条道路上，你会遇到很多烦心事，痛苦、悲伤，甚至绝望随时都在考验你的意志。随着事业进展受阻，压力会让你产生大量负面情绪，让你无法再冷静思考，对自己丧失信心。人人都会产生负面情绪，但情商高的人不会输在负面情绪上。马云说过："永远要面带笑容，尽管我内伤很重。"一贯乐观的他也想过放弃，但最终还是选择坚持到底，对着世界大喊"永不放弃"，这才有了他和阿里巴巴的今天。

心态摆好了，你的姿态才不会差

"云课堂"讲义 ||||||

1．为什么说心态有时候比能力更为关键？

2．为什么说情绪管理能力是调整心态的关键？

3．情商高的人是如何保持良好心态的？

奥运赛场上有无数优秀的运动员因为心态问题而发挥失常，与奖牌失之交臂。比起万众瞩目的奥运赛场，我们所处的环境可能没那么紧张、刺激，但还是会遇到许多影响心态的因素。

比如，艰巨的任务、苛刻的上司、冷漠的同事、难缠的客户、家人的不理解等因素都会让我们的内心充满负能量。心态一旦失衡，我们的工作状态也好不到哪去。

调整心态考验的是一个人的情绪管理能力。出色的情绪管理能力正是高情商人士的一个主要特征。

当你能控制好负面情绪时，脑海中就不会再冒出很多消极的念头，心情就比较容易恢复平静。这能够让你发挥出自己的正常水平，摆脱越焦躁越失败的恶性循环。

情商小案例

据蔡崇信回忆，他第一次参观阿里巴巴的时候惊呆了。公司设在湖畔小区的公寓里，地上铺满了床单，条件十分简陋，20多个年轻人仿佛着了魔似的叫喊着、欢笑着，他们的脸上丝毫看不出每个月才500元工资、天天吃盒饭的窘迫感。

蔡崇信很喜欢这种大家庭似的氛围。他了解到马云在创立阿里巴巴之前已经有过三次失败的创业经历。但他在交谈中发现，马云谈论的是未来的伟大愿景，而不是盈利模式之类的东西。对于一位屡战屡败的创业者来说，这份坚定不移的乐观心态很难得。正是这点让蔡崇信放弃了高薪职务，冒险加入马云的创业团队。

马云的心声

心态好了，外部环境也非常之好，你出来的姿态不会差到哪儿去；心态不好，你看到外面的环境，大到外面的整个空气，小到你身边的合作伙伴，就是我们的生态系统，你看到这些人不爽，他们看到你也不爽，形成恶性循环，你的姿势一定是乱的。做企业、做人也是一样的，环境好、心态好，永远是积极乐观的，你不仅仅乐观、不生气，还能帮助人家更加积极乐观；如果你心态坏了，就会越来越坏，形成恶性循环，你做出的动作一定是错的。

解读：人的情绪是会相互影响的。如果周围的人都感到恐惧、焦虑、忧心忡忡，你也很难保持淡定的心态。而当你内心充满沮丧、悲伤和失望时，周围的人若是都给你打气，为你提供强大的社交情感支持，你就很容易走出低落的心情，恢复积极向上的姿态。

每个人的情绪管理能力不一样，你不能要求周围的人都比你乐观、开朗。要想出人头地，你就不能等着别人来帮你消除负能量。你应该学会主动调节自己的心态，去帮助别人消除负能量，把命运的主动权牢牢地掌握在自己手中。

当别人都失落的时候，他们就会说一些消极的话，做一些消极的举动。如果你像马云一样保持永不言败的激情，就会渐渐感染他们，让那些不愿意放弃的同伴重新振作起来，跟你一起迎接挑战。情商高的人往往就是在这种局面下脱颖而出，展现出非凡领导力的。

拓展知识

有人以为情商高的人在任何时候都能保持阳光心态，让所有人都喜欢自己。这是不切实际的认知。要知道，情商再高也是人。令你烦恼的事情，换作他们，很可能也感到烦恼。

为了保持阳光心态，每个人都会花很多精力去说服自己、安慰自己、鼓励自己。无论情商高低，都是这样做的，只不过是情绪管理能力强弱不同罢了。

情商高的人既不需要任何时候都保持阳光心态，也不需要讨所有人喜欢。因为你不可能喜欢所有人，同理，这个世界上总有人不喜欢你，无论你怎么讨好他们，得到的或许还是轻蔑、猜忌和憎恶。

如果把别人的认可看得过重，你就会在不知不觉中变成一个取悦者。取悦者看似非常会做人，懂得怎样让人舒服，但是他们的内心并不安宁。随着取悦者付出的越来越多，对方会把他们的帮助视为理所当然，并不会感激和认同。取悦者专注于寻求认可，反而忽视了关爱自己，最终会变得身心俱疲。

抱怨的话少说，用激情感染身边的人

"云课堂"讲义 ||||||||

1．爱抱怨的人为什么很少去动手解决问题？

2．怎样区分合理的抱怨与不合理的抱怨？

3．为什么马云说要从抱怨中寻找机会？

《阿里传：这是阿里巴巴的世界》的作者波特·埃里斯曼曾担任阿里巴巴国际及阿里巴巴集团的副总裁，主要负责公司的国际网络运营、国际营销及公司合作等工作。他对马云的印象很好，尤其欣赏马云不抱怨的做事态度。

波特说："这个世界上有两种人，一种人抱怨问题，另一种人解决问题。当然，每个人都会时不时抱怨，宣泄情绪。但是，在建设团队的时候，必须把爱抱怨的人从团队中清除。爱抱怨的人不明白他们其实可以解决自己所抱怨的问题。即使侥幸通过面试，爱抱怨的人在阿里巴巴也待不长。"这是波特从阿里巴巴学到的最宝贵的经验之一。

马云不喜欢抱怨，总是以极大的激情去解决问题。当其他人都垂头丧气时，他依然斗志满满。马云也有情绪低落的时候，但他最终会重整旗鼓，让身边的人也恢复干劲。假如他也止步于抱怨，就不会有今天的成就。

情商小案例

2000年，马云和波特·埃里斯曼以及时任阿里巴巴欧洲事业部负责人的阿比尔·奥莱比三人一起去柏林展览中心参加"世界互联网大会2000"。他们想利用这次机会向欧洲企业推广阿里巴巴。按照计划，马云将在一间拥有500个席位的大厅发表演说。

不料，当他们来到大厅时，全场只有三名听众。这令大家很失望，但马云还是很快调整了心情。他以饱满的精神讲述了阿里巴巴的发展史和自己的个人经历。三名听众的掌声十分热烈。马云事后对波特·埃里斯曼说："别担心，下次我们回来的时候，这里肯定座无虚席。"

马云的心声 ·

机会在哪里？机会就在有别人抱怨的地方，我这样告诉自己，也告诉年轻人。在中国，当人们抱怨的时候，机会就出现了。处理人们的不满，解决存在的问题，这就是我们的机会。如果你像其他人一样去抱怨，你也就没什么希望了。所以，当我听到别人抱怨时，我就会觉得很幸福，因为我看到了机会，我会思考自己可以为他们做些什么。

解读：平心而论，抱怨是一种常见的情绪调节手段。《说文解字》"如鲠在喉，不吐不快"。引申义是说，把让自己不痛快的事说出来，有助于宣泄一部分心理压力。但光靠抱怨是无法解决问题的，而且一味地抱怨还会让人养成"情绪反刍"的习惯，始终无法摆脱束缚自己的烦恼。

马云的对策是彻底转换看问题的角度，从别人抱怨的地方寻找机会，思考自己能为他们做哪些事情。

他之所以创办阿里巴巴，就是因为看到了中国的发展离不开互联网，许多中小企业的出口生意离不开互联网经济。人人都在抱怨当时国内的互联网基础太差，商业环境不好。马云却把解决这个问题看作自己的机会，因此才一步一步走到了今天。

他在多个场合分享了这个心得。可惜许多人并不当回事，只会继续抱怨不已。也许，这就是你超越他们的机会。

拓展知识

反刍是指某些动物进食一段时间以后，将半消化的食物从胃里返回嘴里再次咀嚼。情绪反刍则是指人反复回忆此前经历中的情绪体验，重复播放那些令人感到痛苦的场景、话语、感觉。这种行为在耿耿于怀的人或者喜欢抱怨的人身上最为常见。

情绪反刍会扩大相关情绪的影响效果，尤其是消极情绪带来的负面影响。陷入情绪反刍而不能自拔的人，无法获得新的生活感悟，也很难治愈已有的心理创伤。

通常而言，时间会让人淡忘很多事情。当我们脱离了相关的情境时，原先的心态也会发生变化，能够继续好好生活。但是情绪反刍行为会把人再次拉到当时的情境中。

我们无法通过情绪反刍来释放心理压力，沮丧感、无助感和不安全感会重新增加。原本被时间治愈的心理创伤，很可能再次复发。情商高的人能较好地减少情绪反刍行为，不过多抱怨，从而保持更为健康的心态去工作和生活。

我们生来就是去解决这些"不容易"的

"云课堂"讲义 ||||||

1．困难究竟会阻碍我们成长还是会激励我们成长？

2．当我们感觉越来越身心俱疲的时候，怎样重拾面对困难的勇气？

3．情商高的人如何看待生活中的"不容易"？

生活压力让现代人越来越感到身心俱疲。当你在社交媒体上发出一段感叹生活不易的文字时，可能会有无数人为你点赞。因为大多数人都认为生活本来就是一件不容易的事情。开心的事少，糟心的事似乎更多。比起喜悦之事，人们在互联网上更喜欢分享和传播带有消极情绪的信息，让自己更加不快乐。

无论你有什么梦想，在做什么事情，都会碰上各种各样的困难。能轻而易举地完成的事不会给人带来成就感，但不容易完成的事又会消磨人的耐心和信心。于是许多当初信誓旦旦的奋斗者，最终为了躲避压力而消极怠工，甚至放弃为目标而努力。

情商小案例

2019年6月10日晚，联合国发布全球数字经济未来发展纲领性报告——《数字相互依存的时代——联合国数字合作高级别小组报告》。马云作为联合国数字合作高级别小组联合主席发布了讲话。

他在报告发布现场说："没有人是明天的专家，我们过去担心的很多东西都没有发生。我们要对未来充满信心，这对我们每个人而言都意味着巨大的机遇。"马云认为未来将会有越来越多的新事物产生，谁都要从头开始学习。如果不对未来充满信心，就不敢去尝试和奋斗，可能会错过无数潜在的机会。

马云的心声

> 人一辈子就是一个旅程，不过3万多天，我们得开开心心的。我们开心才能创新，压力之下是创不了新的。所以，我期待大家2011年开开心心。只有你们开心了，公司才会有奇迹诞生。我最近觉得越来越疲惫，越来越累，但是人又越来越兴奋，我的兴奋是说我们居然可以做那么多事情。那天在北京我去了很多部门，那些部门对阿里巴巴真的是越来越信任。我知道不容易，创业不容易，工作不容易，协同不容易，组织不容易，成长不容易，但是也许我们这一代80后的人，这个公司的年轻人，我们生来就是去解决这些不容易的。

解读："世上无难事，只怕有心人。"悲观的人喜欢说："生活太艰难了，看不到希望，努力也不一定会成功。"乐观的人则会说："世事不难，要我辈何用？为了解决问题而努力，人生才活得更有价值。"马云是后一种人，他也希望更多年轻人成为后一种人。

情商高的人同样有筋疲力尽的时候，放弃的念头也曾经在他们脑中闪过。他们的内心也不是时时刻刻都像太阳一样发光发热，照样存在自己思维的消极时刻。如果说情商高的人有什么特殊之处，那就是他们骨子里对世界抱有希望。

无论世道如何，他们深信美好的未来总有一天会来到。"成功不必在我，但我必为此奋斗不息"，是铭刻在他们内心深处的核心价值观。他们因此获得了持久的动力和奋斗的底气，所以才能走出至暗时刻，去解决令人生畏的各种难题。

拓展知识

世界上没有随随便便就能成功的事情。为了获得成功，你必须付出巨大的努力。先不要考虑你跟别人的天赋差异，因为绝大多数人的资质都是差不多的，而且根本没有努力到需要拼天赋的程度。只要真正去努力了，你总有成长，总有收获。

不过，一切的前提是真正的努力，而不是虚假的努力。有些人表面上很努力，其实根本没有用心从失败中总结经验教训，也没有听取他人的中肯建议而改变自己，只是按照自以为有用的方式固执到底。

这种努力只不过是看起来很努力，根本没有在劳动成果中用心。情商高的人不会称赞这种虚假的努力，那样只是在误人误己。当你的努力没有结果的时候，别急着怨天尤人，而应该先看看是不是自己努力的方向出错了。假如你没有真正把事情做到位，千万不要用"我已经很努力了"这句话来自欺欺人。

幸福感包含了汗水、眼泪和欢笑

"云课堂"讲义 ||||||||

1．幸福感对一个人有多重要？

2．马云是怎样理解幸福感的？

3．马云为什么强调快乐离不开眼泪和汗水？

幸福感是一种令人舒适的心理感受。它能让我们保持内心的充实与平和，拥有更多战胜困难的勇气与坚持到底的信心。幸福感较强的人认为生活是充满希望的。即使他们遇到挫折、痛苦和悲伤，也容易被治愈，而不会一直处在阴暗的心理状态下。

情商高的人善于调节心情，一般能保持较强的幸福感。他们的幸福感来源很广，可能是因为事业上的突破，也可能是因为家人的鼓励，还可能是由于个人的爱好得到了充分满足。无论幸福感来自何处，情商高的人都会充分发挥其积极作用，让自己更加热爱生活，不惧挑战。

马云在阿里巴巴提倡笑脸文化，立志要打造一家具有幸福感的公司。不过，他眼中的幸福感不仅包含着欢笑，还有汗水和眼泪。

情商小案例

马云说阿里巴巴要像《阿甘正传》里的阿甘一样。阿甘头脑简单，永远只是执着地做着自己要做的事情。不管别人怎么议论，他都执着向前，直到把事情做完为止。马云也是一样，从头开始摸索电子商务，经过很多挫折才成了今天世人眼中的励志榜样。

在马云看来，赚钱的模式不是最重要的，最重要的是自己太想做这个东西。像阿甘一样把简单的事情做好也很不容易。因为成功的模式很难被复制，其背后包含了很多不为人知的汗水、艰辛、委屈。最可贵的是不断寻找这条路的精神，它会给我们带来无比充实的幸福感。

马云的心声

打造最具幸福感的公司，我们也要继续去实施。幸福感，我认为首先是快乐，但有眼泪、汗水，光有快乐走不久，光有眼泪也走不久，没有汗水也不行。这三个因素一个不能少，汗水、眼泪、欢笑。眼泪绝不仅仅是伤心，各种各样的东西都有。在公司不断挺进的过程中，付出了眼泪，付出了汗水，我们得到的可能就是欢乐。

解读：我们在追求幸福的过程中，不可能不付出汗水，也很难不流眼泪。汗水代表着我们艰苦奋斗的努力，泪水代表着我们经历的挫折和伤痛，快乐则是对我们实现目标后的最大奖励。这些都是我们奋斗路上的一部分，是我们人生经历中不可磨灭的宝贵财富。

毫无疑问，谁都不喜欢承受痛苦，也不希望活得太辛苦。有时候，人会选择性遗忘让自己过于痛苦的事情，以维持内心的平静。坚强、勇敢地面对现实，会让人暂时失去自欺欺人的虚假快乐，却是创造真实快乐的起点。

我们只有在特别努力之后才能练成过硬的本领，解决问题时看起来才能毫不费力。擦干泪水后重整旗鼓，在正确的方向上付出汗水，马云团队就是这样在残酷的市场环境中活下来，开了一次又一次庆功宴，尽情享受胜利的喜悦。

拓展知识

幸福感最核心的部分是欢笑，也就是快乐。我们可以从源头上改善自己的情绪管理能力，提高快乐指数，更好地坚持自己的梦想。能有效提高人的快乐指数的办法主要有三个：

（1）学会欣赏艺术。艺术是为了满足人们的精神需要而诞生的。美术、音乐、诗歌、戏曲、影视、饮食等都属于广义的艺术。优秀的艺术品能引发人们强烈的共鸣感。经常欣赏艺术，有助于自己释放内心的压力，感受到真善美的快乐，产生更多精神力量。

（2）坚持写作。写作是一个表达的过程，能帮助我们梳理内心的感受。对于没想明白的事情，你写一写可能就理清楚了。每天坚持写作，你将更加了解自己的真情实感，而不会轻易忘记初心。

（3）听音乐。科学研究表明，人在听音乐时的褪黑素有明显的增加。褪黑素的主要作用是帮人们放松心情，改善睡眠。我们每天可以抽出一小段时间来静静地聆听自己喜爱的音乐，沉浸在沁人心脾的旋律当中，把当天的烦恼转移。

一个人的最后实力在于勇气和坚持

"云课堂" 讲义 ||||||||

1．坚持做一件事有多么困难？

2．为什么有些天赋和条件很好的人反而无法做出成果？

3．面对非议和嘲讽时，马云是怎样坚持到底的？

《诗经·大雅·荡》中说："靡不有初，鲜克有终。"这句话说的是凡事都有个开头，但很少有能善终的。许多伟人一生轰轰烈烈，却也大多难以善始善终。由此可见，坚持做成一件事需要非常坚强的意志。

意志坚强的人也许天赋不是最出色的，条件也不是最佳的，但往往能笑到最后。天赋好的人在受挫后可能会改变努力方向，放弃原定目标。条件好的人在处于不利局面时就会失去优势心理，对胜利缺乏自信。

意志坚强的人则会专注于最初目标，选择咬牙坚持到底。他们在同一个目标上持续加力，厚积薄发，取得最后的突破也在情理之中。马云在同时代的互联网创业者中不是条件最好的，也不是最懂技术的。勇气和坚持是他脱颖而出的一个主要原因。

情商小案例

2003年，SARS在全球横行。阿里巴巴有位被确诊为SARS的患者，很快，遭到隔离的员工猛增到500人。杭州总部的所有员工都被隔离在家中，大家只能远程办公。假如处理不当，团队很可能在恐慌中散掉。

但在马云等人的组织下，全体员工精诚团结。大家白天在网上继续完成一个个任务，到了晚上和周末时就在公司内网上举行卡拉OK比赛。团队中的每个人都坚守岗位、相互鼓励，一起度过了那段困难的日子。当SARS疫情结束后，公司迎来了一个飞速发展阶段。这与所有人的勇气和坚持是分不开的。

马云的心声

我不知道该怎么样定义成功，但我知道怎么样定义失败，那就是放弃。如果你放弃了，你就失败了；如果你有梦想，你不放弃，你永远有希望和机会。人永远不要忘记自己第一天的梦想。你的梦想是世界上最伟大的事情。人生是一种经历。成功在于你克服了多少困难，经历了多少灾难，而不是取得了什么结果。我希望等我七八十岁的时候，跟我孙子说的是，你爷爷这一辈子经历了多少，而不是取得了多少。我想每个人也一样。生活很美好，不断地努力，不放弃，我们才有机会。

解读：坚持是痛苦的，各种压力扑面而来，无数阻碍等着你攻破。放弃也是痛苦的，因为人总是发自内心地不想否定自己，放弃就是一种最直接的自我否定行为，会给人造成心理创伤。所以，选择放弃的人总会给自己找很多成立的或者不成立的理由，以减轻内心的内疚感。

总的来说，坚持比放弃要困难得多。选择放弃只需要面对自己内心的拷问，而选择坚持意味着要同时承受来自外部和内部的压力。外部压力在消耗你的信心，内部压力在动摇你的决心。所以，凡是能把一件事坚持到底的人，都是坚韧不拔、勇往直前的勇士。

你愿意为梦想付出多少勇气，就能坚持多少光阴。放弃不可耻，因为大多数人经常会选择放弃。但只有坚持到底的人，才能收获无与伦比的自豪感。即使没有惊天地泣鬼神的成就，战胜自我也是一个了不起的壮举。

拓展知识

有勇气坚持到底的人，无不具备强大的心理承受能力。提高心理承受能力是一个脱敏的过程。人的心理承受能力就像肌肉一样，只有好好锻炼才能变得坚固。锻炼的过程就是所谓的"脱敏"的过程。

当你初次接受令自己不愉快或不适的事物时，会产生消极的情绪和生理反应。面对奋斗路上的挫折时也是如此，痛苦、悲伤、沮丧每次都会伴随着挫败出现。但只要你没有选择放弃，而是坚持下来，随着接触次数的增加就会逐渐适应，越来越习惯。这就是脱敏的过程。

经过脱敏训练的人可以更快地从挫败感中走出来，恢复继续前进的动力。不过，锻炼心理承受能力要注意循序渐进。如果受到的刺激过于强烈，可能会给人留下终身难以克服的心理障碍。为此，你最好先从可控制的小事开始锻炼自己，不要一上来就挑战难度过高的任务。

坚守自己的目标，我们才能与众不同

"云课堂"讲义 ||||||

1. 你是否清楚自己究竟想干什么？

2. 你已经知道自己想干什么，但明确眼下该干什么吗？

3. 如果比你有条件的人也在干同样的事，你会像马云一样坚守自己的目标吗？

在前往目标的道路上，障碍很多，诱惑也很多，随时都在动摇奋斗者的决心。当自己在实现目标的路上步履维艰，别人的进展一帆风顺时，有些奋斗者就会忍不住放弃初心，跟着别人的道路走。这是一种常见的生存策略，原本无可厚非。只是如此一来，我们就变成了模仿者、跟风者，很难保持自己的特点。

马云追求的事业目标从一开始就因为有些"特立独行"而不被看好。别看现在舆论对马云的评价很高，但是当年媒体经常质疑阿里巴巴的大旗还能不能扛下去。马云以"永不放弃"为座右铭，无论公司遇到多少困难都能坚持自己的目标，这才有了与众不同的阿里巴巴商业生态系统。

情商小案例

马云多年来一直围绕电子商务的未来发展作战略目标。推出支付宝，拿出300亿人民币开始在全国建立仓储网络体系，成立蚂蚁金服和菜鸟物流，都是围绕着构建商业生态系统的总目标展开的。

舆论认为阿里巴巴做了很多盲目的多元化项目，对此表示看不懂。马云解释道："我们现在做的工作，是今天造一个水龙头，明天立一根柱子。至于这栋大楼究竟什么样子，人们要几年以后才会知道。"这些年阿里有的项目成功，有的项目失败，但整体上依然处于上升趋势，已经成为业内难以模仿的大公司。

• 马云的心声 •

创业者一定要想清楚两个问题。第一，你想干什么。不是别人，包括你的父母、你的朋友让你干什么，也不是因为别人在干什么，而是你自己到底想干什么。

第二，你该干什么。该干什么比想干什么更重要。我一直坚信，这个世界上比你能干、比你有条件的人很多，但最想干好这件事情的，全世界应该只有你一个，这就是你的机会。所以，你要想清楚该干什么，不该干什么。

解读：马云的这两个问题，直击了所有创业者的本心。"你想干什么？"，问的是创业者究竟为什么而奋斗；"你该干什么？"，问的是创业者

应该怎么去奋斗。

有些人的梦想其实不是自己真正想干的事情，而是别人希望他们做的事情。也就是说，他们背负的是别人的梦想，而不是自己的梦想。如果创业成功，还能高兴一下。可要是屡屡受挫，他们很快就会怀疑自己的梦想是否有必要坚持，很难再产生继续奋斗的激情。

而另一些人确实是为自己的梦想去努力，却未能抓住做事的要点，迟迟达不到自己的目标。马云认为，这是因为他们没想清楚自己该干什么和不该干什么，只是凭着感觉胡乱闯荡，所以他才强调"该干什么比想干什么更重要"。

假如你真的想创业，就考虑清楚这两个问题。不要去管谁的天赋比你高，谁的能力比你强，谁比你更有条件取得成功。你是最想做好这件事的人，而他们不是。如果你自己放弃了，世界上将不会有人去替你实现你的梦想。能实现你梦想的，只有你自己。

拓展知识

每个人本该有属于自己的人生，很多人只是受限于外部环境而没有太多选择。假如你能选择的话，是否愿意坚守自己的目标呢？很多人给出的是令人心酸的否定答案。他们坚持不下去的理由往往是力有不逮，认为自己太弱小，不足以成事。

英国作家奥斯卡·王尔德有句哲言："做你自己，其他人已经有人做了。"无论你认为自己有多少缺点和弱点，最希望做成这件事的依然是你。其他人愿意在这件事上付出的心血不会比你更多。当你坚持做自己的时候，才能变得与众不同，形成自己独特的竞争力。

　　为了更好地坚守自己的目标，我们应该学会多收集自己的优点，而不是老盯着自己的缺点不放。了解自身缺点有助于我们不犯大错，从逆境中快速恢复，但不足以让我们成长。只有认清自身优点，才能独辟蹊径，以充满活力的姿态奋斗到底。

第八章

不能说我不犯错误——决策者马云的
自我反省课

犯错不可怕，可怕的是从不认错。情商高的
人善于反思自己，从自己身上找问题，避免犯同样
的错误，在别人骄傲的时候看到未来的灾难，借助
众人的力量把隐患消除在萌芽状态。遗憾的是，很
多人在犯错时并没有反思自己，而是去责怪别人，
把过错推到别人身上。当下次遇到同样的局面时，
拒绝反思的他们还会重蹈覆辙，在同一个错误上再
次跌倒。马云对此非常警觉，他经常在阿里巴巴整
顿风气，通过一系列办法找出当时存在的问题。也
就是说，要通过反思来减少错误，才能成就更好的
自己。

要反思自己，而不是责怪别人

"云课堂"讲义 ||||||||

1．为什么很多人比起反思自己，更喜欢责怪别人？

2．责怪别人真的可以把问题解决掉吗？

3．情商高的人是怎样反思自己的？

承认错误是一件让人痛苦的事。于是，不少人宁可将错就错，也不愿意坦率地说自己错了。当遭遇失败的时候，这类人不是反思自己，而是第一时间去责怪别人，把过错都归咎于别人，以维护自己的面子。

情商高的人素来鄙视这种推卸责任的阴暗心理。因为他们很清楚，只有真诚地反思自己的错误，才能真正解决问题。通过责怪别人来维持自己不犯错的虚假形象，不过是自欺欺人罢了。该解决的问题不会因为自欺欺人者的选择性"失明"而自动消失。

因此，情商高的人从来都是从自己身上找不足，而不是去责怪别人。如果确实是自己的错，就大大方方地认，宁可丢了面子也要切实完善自我。

"实事求是"是他们的座右铭。

情商小案例

2013年3月31日，马云参加了深圳 IT 领袖峰会。当时许多人认为国外的经济危机冲击了国内企业的生存环境，生意会越来越难做。但马云认为，真正阻碍互联网企业发展的问题是许多人的管理水平和思想认识滞后于时代，还在用过时的理念看问题。

马云认为，中国电子商务发展得好跟淘宝、阿里集团的关系可能并不大，但是中国电子商务发展得不好，跟我们一定有关系。企业家应该反思自己，要在环境不好的时候提升自己、改变自己，而不能老是把失败归结于外部原因，不承认自己会犯错误。

马云的心声 •

要想成功，你必须具备四个要素：学习能力、反思自己的能力、改变自己的能力和坚持。我见过无数所谓的成功人士，这些人中，没有一个人认为自己是成功的。

我现在每天提心吊胆，如履薄冰，就像你爬上珠峰的时候，你哪有时间欣赏风景，你不知道风会从什么方向吹过来。你在珠峰上拿一面红旗拍照，最多熬两分钟，就赶紧下山。

如果你热爱你的产品，就去不断学习，以开放的心态学习。要反思自己，而不是反思别人，而不是反思你的员工，是反思自己的问题。改变是要先改变自己，只有你改变了，你的组织才会改变。然后，给自己足够的时间去坚持。

解读：马云说的成功的四个要素，每一个都不容易做到。学习能力需要有开放的心态，懂得欣赏别人的长处，并且有意识地去吸收它。改变自己的能力首先要有改变自己的意识，以及舍弃昔日荣辱的魄力。

"坚持"二字看着很简单，但越简单的事情往往越难做到。反思自己的能力恰恰对另外三个要素有重要影响。甚至可以说，自我反思能力不足的人，根本做不好另外三点。

当你不反思自己而去责怪别人时，既不可能认识到自己的不足，也不会发现别人有值得学习的优点。于是就不愿去改变自己，更别说为改变自己而学习了。表面上看你还坚持着自己的道路，其实只是固执己见、顽固不化，为了维护个人颜面而拒绝纠正错误。

马云说的四个要素，"坚持"被放在最后一位。只有把前面三个要素做好了，你坚持的才是正确的道路，而不是一条注定失败的弯路。所以，懂得反思自己是情商高的人必备的一项素质。不过也要注意，在反思自己时不应陷入过度自责中。

拓展知识

自责分为"真自责"和"假自责"两种情况。如果你对自己的行为感到懊悔，愿意为此承担责任，就是真自责。真自责是一种适度的自责，能帮助我们纠正错误，修复破裂的人际关系，及时挽回由此造成的损失。

但是，有些过错原本与你无关，你却将责任揽到自己身上，这样的自责就是假自责。怀有假自责的人等于是自己找罪受，承担了本不该由自己承担的责任，产生了不必要的内疚感。假自责跟真正的自我反省完全不是一回事。

真自责不会损耗我们的身心健康。只要我们纠正了错误，内疚感就会自动消失，心情也能恢复平静。假自责则会给我们的内心带来不必要的精神负担，妨碍我们继续前进。所以，情商高的人既要懂得反思自己，也要学会不拿别人的错误来责备自己。

犯错不可怕，可怕的是犯同样的错误

"云课堂" 讲义 ||||||||

1. 为什么人们会经常犯同样的错误？

2. 马云为什么鼓励自己的员工要敢于试错？

3. 情商高的人在犯错后是怎样跟别人道歉的？

犯错是每个人成长的必经之路，惨痛的经验教训能帮人们加深对正确做法的理解。话虽如此，经常犯同样错误而不知悔改的人比比皆是。事后来看，他们一再掉进同一个坑里，未免有些愚蠢了。其实，换作是你身处局中，能不能摆脱困境也难说。

每个犯同样错误的人在复犯的时候往往意识不到自己遇到的是同一个坑。等回过神来时，已经救治不及。情商高的人不怕犯错，就怕因为不善于总结经验教训而重蹈覆辙。他们既有敢于试错的勇气，又有在犯错之后勇于道歉的胸怀。他们犯下的每一个错误，都起到了帮助他们成长的作用。这也是一种把坏事变成好事的本领。

情商小案例

马云从创业开始就在试错。1999年的阿里巴巴发展很猛，一口气开辟了中国大陆、中国香港、美国、欧洲和韩国五个战场。为了盘活这五个市场，马云招聘了来自不同国家和地区的职业经理人。

结果到了2000年1月，他不得不宣布把公司重心从国际市场转回中国市场，把业务重心放到中国沿海的六个省，把阿里巴巴总部从美国硅谷搬回老家杭州。马云从这段挫折中学到了很多经验，但没有放弃国际化的经营理念。并且，他找到了如何把不同文化背景的人才拧成一股绳的正确方法。

— **马云的心声** •—

　　天下几乎没有企业不犯错。一个人也不能说自己不会犯错误，其实他一定会犯错误。第一，我允许自己犯错误；第二，我允许团队犯更多错误，超过我。人只有放松了，才能做得更好。我们现在有这样的自信，我觉得，即使我犯了错误都不会倒，即使我的团队、我的同事犯了错误也不会倒。当然，我们不会蠢到要故意犯错误。毫无疑问，由于允许自己可以犯错误，做事情就会轻松起来。什么叫创新？就是认真地玩。很认真地玩的时候，就在创新。创新必须是放松的。压力很大，怎么可能创新？你不允许团队犯错误，我可以告诉你，就不可能成长。

解读：有人说："多做多错，少做少错，不做不错。"这句话有一定的道理。多做事意味着要多尝试，很容易碰上一时难以解决的新问题，于是可能因为经验不足、实力不济或者运气不好等原因而犯错。不做事的人躺在成功经验围成的安全区里，别人挑不出什么毛病，自然也就能得到"不出错"的评价了。

但是，四平八稳的决策虽然可以减少犯错的可能性，却很难让你在瞬息万变的市场形势中获得强大的竞争力。从某种意义上来说，这也算是一种不作为。在市场大环境下，不作为就是故步自封，就是会让自己被时代发展淘汰的大错误。

因此，马云才说要"拥抱变化"，鼓励大家积极创新。在创新活动中，犯错是不可避免的，不犯错则无以成长。我们要纠正错误，但要允许犯错。只要不是故意犯错，就要以宽容的态度来对待。情商高的人总是懂得引导犯错的人自我反省，帮助他们总结经验教训，避免下次再犯同样的错误。只有团队成员心里有底，才敢大胆尝试更多的创新，逐步成为少犯错的成功者。

拓展知识

既然犯了错误，就少不了要道歉。道歉的对象可以是任何人，他们想听的话不尽相同。但情商高的人在道歉时会注意遵循以下要点。

（1）承认自己的错误确实给对方造成了负面影响。否认这一点就是在推卸责任，无论说什么话都不可信。

（2）明确表示"对不起"，而不要为自己的过错找借口。这是最基本的道歉要求。虽然对方不一定会原谅你，但至少不会激化矛盾。不肯说对不起，会被对方认为你心中毫无歉意，做什么都是虚情假意。

（3）你要明确说"希望您能原谅我"，千万别说"这是个小错误，你就别计较了吧"之类的避重就轻的话。我们道歉的目的就是争取对方的原谅。如果你使用后一种说法，只不过是在替对方原谅自己。对方会认为你是想赶紧摆脱麻烦，根本没觉得自己做错了。

（4）肯定对方的痛苦感受。很多人忽略了这个细节。受害者希望对方能明白自己的感受，但道歉者往往只是在形式上道歉，内心对此不以为然。假若缺失了这个要素，无论做出多少补偿，受害者都会觉得道歉者不尊重自己。

（5）要求赎罪并提出方案。如果过失不太严重，对方一般不会要求你补偿。但这样做能表示你愿意承担责任，希望用行动来恢复公平和公正的诚意。假如对方接受，双方的人际关系就能较好地修复；若是对方婉拒，一般也会心领你的诚意。

（6）承认自己辜负了对方的期望。受害者要求你真诚地道歉，在很大程度上是想确认你是否真正改过自新，下一次会不会再犯。假如你的道歉方式让对方认为你并非真正悔过，那么无论做出多少补偿，都无法赢得真正的谅解。你在道歉时应该主动承认自己辜负了对方的期望，违反了哪些社会规范。有条件的话，还可以主动提出避免重蹈覆辙的办法。这些都有助于让对方认可你的诚意。

闻味道，揪头发，照镜子

"云课堂"讲义 ||||||||

1. 身为决策者的你，是否会以别人为镜子检查自己？

2. 当你发现团队的状态不对时，应该怎样反思自己？

3. 假如问题真的出在你身上，你是否有自我批评的魄力？

决策者对组织团队的现状有比较全面的认识，可是由于决策者日理万机，精力和时间被大量管理事务挤占，所以有时候他们对团队的运行状态不够关心。

当决策者把注意力完全放在大事上时，就会忽略很多小事。有些小事看似不起眼，却会影响团队成员的士气，使他们无法全身心地投入工作。情商低的决策者只会简单粗暴地要求团队成员自己调整心态，却不肯反思自己的行为，结果大家的状态越来越糟。马云不希望自己和公司各级管理者变成这样的人，于是他和同伴一起总结出了一套新的方法论，要求全体管理者贯彻执行。

情商小案例

马云在公司设置了多个层级的阿里政委。闻味道、揪头发、照镜子就是阿里政委的日常工作方法。马云要求阿里政委成为员工之间、员工与主管之间、员工与经理之间、经理与主管之间、主管和主管之间、政委和所有人之间的沟通桥梁。

闻味道就是通过观察、沟通和业务复盘来看清团队中每个人的工作状态。揪头发是指帮助员工弄清他们的上级现在在想什么，了解上级的上级在想什么。让对方学会上一个台阶看问题，把影响全局发展的隐患及时揪出来。照镜子是指鼓励大家对待上级敢于直言，对待平级肝胆相照，对待下级爱兵如子，创造一个关系简单、相互信任的团队氛围。

马云的心声 ·

团队是有味道的，作为一个管理者，只要你用心去闻，就能感知团队的状态，这是一种敏感度和判断力。团队的状态就是你的镜子，你一定和你的团队是一模一样的。你看到的问题其实就是你的问题，当你发现你对团队各种不满意时，你一定是这样子的。以自己为镜，照下属；以别人为镜，照自己。通过照镜子，才会发现自己的管理多烂、形象多差，才不会让自己变得狭隘和官僚。

解读：马云一针见血地指出了一个许多人都不敢面对的事实——团队的状态反映的正是身为领导者的状态。领导者通过职权对团队成员施加影响，做出的每个决定都牵一发而动全身，任何举动都会引发上行下效的结果。

作为领导，假如你处理问题效率高，工作兢兢业业，那么团队中就没有懈怠的人，大家都会很努力地做事。假如你总是把自己的分内之事丢给别人干，只是等胜利后出来摘果实，在出现问题后一味推卸责任，那么团队其他成员也会变得毫无责任心，不愿意认真做事。

领导者处于优势地位，比普通员工更容易自我膨胀，只喜欢听好话，而不愿意听实话。当团队中的其他人都不敢或者不愿跟你说实话时，你就无法发现自己的错误，在自我感觉良好中一步步滑向失败的深渊。所以马云才说领导者要多多照镜子，从自己身上找原因，对自己的状态和团队的状态有个准确的了解。

拓展知识

从自己身上找问题，其实就是重新给自己做一次准确的自我评估。要想做到准确的自我评估，说难也不难，说容易也不容易。之所以说不容易，是因为生活中有很多人一直做不到这一点。而说不难做到的原因很简单，只要能接受事实的人都可以轻松完成。

我们对自身的了解主要源于自己内心的判断，而非外部的反馈意见。以他人为镜子，可以增加我们观察自己的角度，有助于实现准确的自我评估。但在我们听取他人的意见时，内心会有本能的抵触情绪，即自信心和自尊心会阻碍我们把别人的话真正听进去。

情商高的人同样需要克服这个问题。他们深知自信心必须以事实为基础，否则就是盲目自大。所以，他们会顶住压力，坦然接受让自己感到难堪的事实。他们会先破除盲目的自信，然后再建立坚不可摧的自信。

在人们骄傲的时候看到灾难的到来

"云课堂"讲义 |||||||

1．为什么人们很难做到居安思危？

2．怎样在人们骄傲的时候看到灾难的到来？

3．假如未来的形势会否定自己现在的荣光，情商高的人会怎么做？

"生于忧患，死于安乐"的道理无人不知、无人不晓。但在事到临头时，人们很难记得住这个道理。当初你在困难的时候迎难而上，顺利突出重围，获得了成就和赞誉。如今已经兵强马壮、占尽优势，按理说做什么都会稳操胜券。这个看似合乎逻辑的判断会让你变得信心膨胀，不再把尚未造成明显危害的隐患放在眼里。

可是世事总在不断变化。时过境迁之后，你多年积累的优势说不定就荡然无存了，很多后起之秀会像你当年一样成长为时代的胜利者。假如你继续抱着过去的成功经验不放手，很可能会被新形势淘汰。可有勇气否定自己往日辉煌的人终究是少数。这对情商的要求比对智商的要求更高。

情商小案例

马云推崇把大公司化成小公司来做的理念，以免阿里集团旗下的各项业务因组织机构臃肿而效率下降。他在2001—2002年就把B2B业务拆分成ICBU（国际事业部）和CCBU（国内事业部），两个团队独立运营。

2011年，淘宝正如日中天，为阿里集团带来了巨大的成功。但马云意识到淘宝的扩张太快，于是打算拆分淘宝。集团高层认为淘宝的组织结构需要调整，但多数人不赞同拆分。马云最终力排众议，把原先的淘宝拆分为三个独立的子公司。从结果来看，这次主动变革让淘宝系的几个子公司发展得更好。

马云的心声 ·

永远要把对手想得非常强大，哪怕非常弱小，你也要把他想象得非常强大，这是商界犯错误时经常会说的。面对新的强大对手，很多人常犯的几个错误是看不见、看不起、看不懂、跟不上，首先对手在哪都找不到，其次我根本看不上这些人，再次我看不懂他们怎么起来的，最后是根本跟不上别人。你们觉得对手不如你，你们觉得自己对市场很了解，对客户很了解。但实际上，你们讲得很对，输在轻敌上，今后我觉得大家一定要注意。

解读：马云团队在开始的时候非常弱小，差点中途夭折，几乎没人看好。后来却在几次关键的市场竞争中击败了占尽优势的强大对手。阿里巴巴的崛起之路充满了以小博大的奇迹。这也让马云深刻地意识到，每一个强大的知名企业都是由弱小的创业团队发展而来的，自恃实力超群就会低估对手的潜力，很可能会犯下严重的错误。

当人们为今天的成就感到骄傲的时候，马云看到的是未来的灾难。看不见对手，看不起对手，看不懂对手，跟不上对手，这些错误的根源都是轻敌。轻敌之心是人之常情。当对手实力还很弱小的时候，我们确实很难看得上眼。直到对手做出了一些成绩时，才开始关注，可内心还是觉得自己不可能被撼动。等对手在我们意想不到的地方突然崛起时，我们就很难再保持胜算了。

情商高的人从来不会轻敌，且善于判断对手的成长潜力。当他们发现有潜力的对手时，就会提醒自己不断提升综合水平，继续保持领先优势。别人越努力追赶，他们就越奋力向前，不让自己在竞争中败下阵来。

拓展知识

人的天性就是想控制一切，但未来的变化是人们无法掌控的。对未来的期望促使大家用尽各种合理的或者不合理的手段来预测今后可能发生的事情。在人们骄傲的时候看到灾难的到来，恰恰是因为你期望未来不会变糟。

期望的重点不在于实际上会怎么样，而在于我们想要什么。假如期望不符合现实，我们就会感到非常痛苦。为了避免在灾难降临时失望，我们更有必要未雨绸缪。预防失望最有效的办法就是许下更好的期望。

我们主动察觉潜在的灾难后，可以改变自己对未来的期望。把期望变得更简单、更实际且富有弹性，给梦想留下回旋的余地。如果成功解决了灾难，自然是好事一件。假如事情的发展与预期不一致，也可以用更有弹性的方式来应对变数，这样就能少犯错，少失望了。

如果解决不了，就请比你懂行的人一起解决

1. 解决不了问题是一件令人羞耻的事情吗？

2. 如果比你懂行的人在事前提醒过你，你会为自己不听忠告而致歉吗？

3. 如何让比你懂行的人乐意跟你一起解决问题？

如果我们看到了很好的机会，就应该以饱满的热情去抓住它。但把握机遇不但需要眼光，还需要实力。皮划艇之所以运不了集装箱，小网之所以捞不了大鱼，都是因为目标超出了自身的实力范围。为了实现目标，我们要通过各种途径来增强自身实力。

在现代社会中，一个人单打独斗是走不远的。即使你的综合能力再强，也会碰到自己解决不了的问题。为此，我们必须学会借助各种力量来成事，请比我们更懂行的人来一起解决问题。

与比你更懂行的人合作，关键在于找对人、做对事。找对人靠眼光，做对事则靠情商。马云在打拼事业的过程中对此深有体会。

情商小案例

据前阿里巴巴国际及阿里巴巴集团的副总裁波特·埃里斯曼回忆，他第一次见马云是在公司组织的客户聚会上。当时阿里正在筹备国际业务，想要招聘外籍人才。于是波特·埃里斯曼就去应聘。

马云在演讲结束后坐在了波特旁边，两人仅仅聊了5分钟，马云就决定聘用他。第二天，波特的酒劲还没消退，时任阿里巴巴首席财务官的蔡崇信就过来跟他谈判，开出了比他当时工资高50%的优厚待遇。这份诚意打动了波特，直到他2008年离开阿里巴巴后，依然对马云等人印象很好。

· 马云的心声 ·

你一个人干不了，把比你更懂的人请来和你一起干，或者跟着那个比你懂的人干也行，这也是机会。而不是每天混日子，每天感叹自己的技能无用武之地。所以，我想说的是，阿里巴巴就是以这样的思考方式坚持了15年的企业。我们依然希望以这样的思考方式支撑未来的几十年、上百年。

解读：很多时候，你意识到了潜在的机会，但目前的能力、平台和资源都没有胜算。假如你眼下就遇到这种情况，是选择知难而退，还是选择迎难而上？一般人更多倾向于选择前者。一方面是因为他们缺乏克服困难、战胜挫折的勇气，另一方面则是因为他们并不是迫切地想抓住这个潜在的机会。

耐人寻味的是，知难而退者虽然选择放弃努力，但还是会经常抱怨自己没有好机会。他们眼中的好机会就是那种不需要费太多力气就能取得收获的事。可天下没有免费的午餐，谁也不能把成功的希望寄托在不劳而获上。

马云选择了迎难而上。不懂互联网技术的他冒着极大的风险，做着自己不熟悉的电子商务。他很清楚自己的长处和短处，在各个方面都请比自己更懂的人一起干。由此可见，情商高的人不会因为自己不懂就放弃潜在的机会，而是通过联合更多人的力量来实现共同的目标。这种方法可以帮助我们办到一己之力办不到的事情。

拓展知识

如何跟比你懂的人一起共事，是一门考验情商的学问。因为比你懂的人是多种多样的，你要充分了解他们的作风，根据其特点来设置合理而高效的沟通方式，并在合作的过程中适应其个性十足的作风。问题是这个道理并不被大多数人认可。

一般人很难适应他人，内心会产生很强的防御机制。他们认为："我就是我，我不认为自己必须改变个人习惯去适应别人。"而且人们更多倾向于认为自己的做法是最好的，应该是别人改变风格来适应自己才对。

情商高的人会超越这个狭隘的格局，认真了解对方的做事动机和性格特征。比如，有的人只想把任务完成，有的人则希望把事情做对，有的人喜欢这个团队的气氛，有的人则希望获得上司的赏识。总的来说，比你懂的人总有某一种做事动机。你只需找到他的动机，就能与之构建较为融洽的合作关系。

今天要努力消灭三年后的灾难

"云课堂"讲义 ||||||||

1. 你是否会主动思考三年后可能出现的灾难？

2. 如果其他人都没有紧迫感，你是否会怀疑自己的判断出错呢？

3. 假如消除灾难的措施会影响你的短期利益，你是否愿意做出一些牺牲？

每一个大错都是从小错开始逐步积累的。每一场灾难都不是一两天突然形成的。飓风起于青萍之末，冰冻三尺非一日之寒。如果你能尽早洞察未来的灾难，将小错消灭在萌芽状态，就能避免今后铸成大错。

马云作为公司的决策者，眼睛不仅盯着当下的形势，同时也在努力展望未来的趋势。他认为只是跟着市场形势随波逐流的人缺乏远见，只顾眼前的利益而不考虑未来的灾难。这类人即使在短期内获得成功，迟早也会输掉。因为未来的灾难会在他们意想不到的地方等着。

为了赢得未来，马云提出要"拥抱变化"，通过主动求变来消除隐患，在错误没有扩大之前就把问题处理好。做出这个决定不容易，因为很多人只关心当下，不太在意将来。

情商小案例

阿里巴巴的B2B事业部是资历最老的团队，在集团内部号称"中供铁军"。但随着淘宝、支付宝、阿里云等团队壮大后，B2B事业部的表现严重下滑。

马云心里明白，这与该部门的精英被大量抽调去建设其他团队有直接关系。但新团队要发展，老团队也不能垮掉，必须两手都要抓，两手都要硬。否则公司就没有稳定的战斗力了。

马云在2017年初视察了B2B事业部所在的阿里巴巴滨江园区，并鼓励大家说："整个阿里的精气神在滨江这一块，没有滨江体系，就不可能有淘宝、支付宝、阿里云。"他委派创业之初"十八罗汉"之一的戴珊整顿B2B事业部，全力支持她"在飞行中改造发动机"，让B2B事业部再次崛起。

— 马云的心声 •

CEO第一难就是难在这里，你们都是一把手、二把手，最难的是你要判断三年以后的灾难是什么。在所有人兴高采烈的时候，你要判断未来的灾难。相反，所有人都在思考灾难的时候，你要判断再过多少时间，穿过这个山就是一个峰，而且这个峰你自己要believe（相信）。这样，机会就来了。所以当CEO的难处是这个地方，CEO是没有功劳的。你说三年后有这个灾难，你每天的工作就是把这个灾难灭了，三年后这个灾难果然没了。你不知道要干什么，其实你已经是把这个灾难消灭掉了，但是你搞了三年灾难还是出来了，你就倒霉了。

解读：也许你已经意识到了三年后可能发生的灾难，只是需要做得更彻底。不少人恰恰就败在了做得不够彻底上。假如你从今天就开始围绕三年后做准备，那么到时候就可以从容应对一切。可是，三年时间对有些人来说比较久远，不足以令他们产生足够的紧迫感。

越是令人头痛的灾难，越需要更长的时间来做准备。如果你觉得三年之后的事离自己太远，过一段时间再准备也完全来得及，就会变得越来越不想行动，一再拖延下去。飞逝的光阴如流水一般无情，等你重新开始重视未来的灾难时，往往已经没有时间做准备了。那时你只能仓促上阵，最终只剩下徒劳的挣扎。

因此，你应该从一开始就规划到位，把每一项工作都认真执行下去，确保每一步都围绕着未来战略展开，而不至于在中途偏离方向。从结果来看，这样做最不费力，风险也更容易把控。唯一要克服的就是决策者自身的犹豫、摇摆、怠慢等缺点。

拓展知识

深谋远虑的人在脑中不断推演着未来可能发生的灾难，容易因此出现思虑过度的问题，导致自己被焦虑困扰。

焦虑投射出来的巨大阴影会让我们感到害怕，常为琐碎的细节分心。若是陷入焦虑而不可自拔，我们的身心健康难免会受到影响，对解决未来的问题没什么好处。

这时候，我们就要设法摆脱这种局面，不要想着只有一种方案能让你避开灾难，更不要想着这个方案马上就要执行起来。这是一种单一的、狭隘的想法，它会把你的人生限制在一个更小的空间里。随着压力的增加，你会越来越怀疑唯一的解决之道是不可行的，进而变得更加恐慌。

其实替代方案和其他可以考虑的选项是存在的，不能因为我们没看见就当它不存在。如果拓宽思路，你就会发现自己可以创造出更多的可能性，不只一条路可选。

第九章

善做伯乐，超越伯乐——领导者马云的人际交往课

人际交往是工作生活中的一件大事。当你成为领导者后，面临的人际关系问题更为复杂。如果没有足够的情商，就很容易陷入左支右绌的困境。随着阿里巴巴集团日益壮大，马云要领导的员工越来越多，要操心的事也愈加复杂。他发现公司很多领导者缺乏领导力，不能很好地处理团队中的人际关系，于是在内部讲话中多次提到相关问题。他带头做伯乐，并把"超越伯乐"作为阿里巴巴处理人际关系的一项基本原则。此举让公司内部的面貌发生了很大的变化，团队领导者的人际关系处理能力也有了显著提高。

跟那些优秀的人比胸怀、眼光和抗挫力

"云课堂"讲义 ||||||||

1．领导者应该有多大的容人之量？

2．假如手下的人在某方面超过了你，你应该怎样看待他们？

3．你的抗打击能力是否超过了你手下的人？

不同的员工在性格、才能、作风等方面都存在差异，需要经过磨合才能形成一个真正协同作战的团队。领导者是团队磨合的主要推手，需要比一般人有更大的容人之量。心高气傲的人不适合做领导者，因为他们看不起不如自己的人，又嫉妒比自己能干的人。

若是团队领导者气量狭小，团队的内部关系就会很紧张。这样，能力强的员工要么选择离开，要么被压制得无法透气，这对员工个人和组织的发展都不利。所以情商高的领导者总是多看团队成员的优点，注意弥补他们的缺点。

马云把"超越伯乐"作为团队建设的一项基本原则，就是从这个角度出发的。他认为领导者不需要方方面面都完美无缺，关键是要具备更出色的胸怀、眼光和抗挫折能力。

情商小案例

马云批评了那些把什么问题都包揽在自己身上的"义气干部"和只会亲力亲为而不懂得栽培员工的"劳模干部"，要求各级领导者都要"从公司内部找到超过自己的人"。如果找不到代替自己的人，就不允许他升职。

马云表示，阿里巴巴的门槛并不高，需要的是具备四项素质的人才。一要讲诚信，二要有好学的精神和学习能力，三要有拥抱变化的意识和能力，四要乐观上进。

只要是具备了这四方面素质的人，都是可造之才。把手下的员工培养成才，是领导者的使命。只要做好了这件事，即使是较晚加入公司的人，也会得到较快的提拔。

马云的心声

领导者永远不要跟下属比技能，下面的人肯定比你强；如果下面的人不比你强，说明你请错了人。但你要跟他比眼光，要比他看得远；读万卷书不如行万里路，眼光的高度要在领导的水平线上。第二，要比胸怀。男人的胸怀是冤枉撑大的，你对你的部下、员工、团队要包容；合作不是一天两天的事，如果你是对的，永远有机会去证明。第三，要比实力。你抗击失败的能力比他强。一块砖头掉下来，别人挨一下就倒了；你挨了一下，一点反应都没有，这就是优秀领导的条件。

解读：领导者同样有好胜心。尤其是那些竞争意识很强的领导者，看到自己的部下在某方面特别出色时会掂量一下自己能否做得更好。这是一种很正常的想法。

但是，有些气量狭小的领导者不允许别人超过自己，会做一些故意打压部下的举动。这种阴暗心理会让他们把团队弄得不思进取。

所以，马云认为领导者不该跟部下比技能。你的部下在技能上青出于蓝而胜于蓝，并不是坏事，这说明你有选才眼光和用人胆识。在相关方面有得力干将，不需要自己费太多心，应该感到高兴才是。

领导者并不需要什么都比部下优秀，只需要在眼光、胸怀和抗挫折能力上超过众人。技能比你好的人，可能看问题和看人的眼光不如你，容人之量也不如你，遇到挫折后很容易垂头丧气。

他们适合在你的保护和支持下发挥自己的长处，而不适合担任团队领导。你只要在这三个方面反复锤炼自己，就能保持优秀的领导力，成为大家心目中值得信赖的支柱。

拓展知识

前面说过，情商高的人通常是以成长型思维来看待人和事。但人们对成长型思维的一大误解是：只要肯努力，就可以做好任何事。信奉这种观点的人以为自己在各方面都有潜力，于是在自己并不擅长的领域投入过多，到头来一事无成，只剩下满满的心理创伤。

每个人都有自己的长处和短处，擅长的地方和不擅长的地方。如果能找到自己最有潜力的领域，那么努力起来就会事半功倍，成长速度会更加可喜。这正是自知之明带来的益处，也是成长型思维的正确用法。

　　所以，当你遇到在某些方面比你优秀的人时，不一定非要在对方擅长的领域一争高下。不服输的精神过剩，不见得对成长有好处，反而会让你忽略自己真正的潜力，整个人生都在围绕着别人转，而不是围绕着自己的成长来展开。

及时了解你身边的人出了什么问题

1. 身为领导者该怎样处理好团队内部的人际关系?

2. 如何及时了解身边的人出了什么问题?

3. 情商高的人在处理人际关系时是怎样保持健康的社交界限的?

人际关系的好坏对每个人的工作状态都有直接影响。假如领导者对身边的人和事漠不关心,其情商就不会得到太高的评价,也不会被部下拥戴。因为在大众眼中,这样的人过于自私冷漠,不顾他人的感受,根本不值得信赖。

而情商高的人具有优秀的情绪识别能力,能注意到身边的人有什么不对劲的地方,积极帮助对方排忧解难。他们非常善解人意,给大家一种如沐春风的感觉,自然能得到众人的欣赏和信任。如果领导者平时就很关心爱护自己的部下,那么整个团队的氛围就会亲如一家,人人都有共同奋斗的热情。

情商小案例

2005年，阿里巴巴并购雅虎中国。马云第一次跟几百名雅虎员工接触时，感受到了他们的迷茫、沮丧甚至是愤怒。假如不能妥善处理，阿里员工和雅虎员工可能会出现很多摩擦，对合并后的公司不利。

马云把这些员工用专列请到杭州，按照他们的生活习惯提供了中西餐混搭的早点，并且给每个人发了一个小礼品袋。他还安排了十几辆大客车在外面等候，在马路两侧挂满了"欢迎回家，欢迎雅虎回家"的横幅。此举初步安抚了雅虎员工的情绪。

马云的心声 •

我招到一个好人，把他放到一个合适的位置上，这是很正常的。但是最高的一个境界是我们还没有达到的、正在追求的，是我招了一个人，在用的过程中养他，越养越大。我们今天还没有做到这个境界，至少我没有做到这个境界。我们今天养了很多人，但是很多人在公司用的过程中，枯竭掉了，他的身体被打垮了、精神被打垮了、技能被打垮了。没有达到"养"的境界。

解读：身为领导者，关心爱护自己的员工是理所当然的。这就是马云所说的"养"，即培养人才。人才能否获得成功，受很多因素影响。他们有才华和潜力，但可能没有遇到合适的平台，可能在目前的岗位上难以施展抱负，可能由于生活上的困难或者人际关系上的麻烦而无从安心做事。

这些情况都会导致一个人才枯竭掉，身体和心理的健康指数严重下滑，无法再释放出真正的能量。领导者若是不能帮助他们排忧解难，就会导致团队错失一个可造之才。为了解决这个问题，马云才特别强调要在用才的过程中养才。

你不可能把所有人都照顾得无微不至。但最起码应该做到及时了解你身边的人出了什么问题。毕竟，你身边的人每天至少跟你相处8个小时。如果你跟他们都搞不好关系，就谈不上跟更多人拉近距离了。

情商高的领导者不会跟部下天天黏在一起，但总能及时察觉部下的问题，用心帮助他们解决问题。对于重视个性和自由空间的青年员工来说，这是比较理想的人际关系，他们也尊敬这样的领导者。

拓展知识

跟身边的人太疏远，就会变得冷漠而孤立。但是，跟身边的人过分亲密，对构建稳固而健康的人际关系也不是什么好事。星球之间有引力和斥力，然后才能形成一个并行不悖的运行轨道。人虽然是社会性动物，但人际关系也存在引力和斥力，两者的平衡就是所谓的社交边界。

每个人的社交边界都会根据性格、社交对象和具体情境而产生变化。跟陌生人或者交集不多的熟人交往，大多数人都会注意保持一定的距离。只是以基本的礼貌进行交往，但不深入对方的生活，随时可以抽离出来。只有跟关系很亲密的人在一起时，社交边界才会变得比较模糊。

当人们不希望对方过多深入自己的生活时，会做出一些明确社交边界的行为，阻止别人跟自己产生太亲密的交集。情商高的人在关心身边人的同时，也会留心注意不"越界"。因为"越界"行为会让对方感到不舒服，对你的好意感到厌烦。

面对面解决问题，把误会消灭在萌芽阶段

"云课堂" 讲义 ‖‖‖‖

1．开诚布公地沟通为什么很难实现？

2．假如面对面地解决问题，我们可能会承担什么风险？

3．马云是怎样解决沟通这个难题的？

人际关系中最难处理的就是沟通问题。通常而言，我们心中想的是100%，说出口的可能只有80%，对方听进去的只有60%，反馈出来的只有40%。如此一来，双方能真正接收到的信息跟各自的真实想法就会有很大差异，这就是沟通中的漏斗效应。

由于沟通中漏斗效应的存在，人与人之间很容易产生误会。可是正面交涉的话，可能会引发双方产生激烈冲突。为了避免这种麻烦，很多人并不是每次都愿意面对面解决问题。这将导致人们之间的误会越来越深，当事人却浑然不觉。具体对团队而言，这种方法会使团队成员之间的关系也越来越糟，直至有一天爆发冲突。

要想解决这个怪圈，就得开诚布公地沟通。可开诚布公恰恰是最难做到的事，人们总是出于种种顾虑而不说出真心话。马云的团队在创业之初也曾经遇到这个问题。

情商小案例

马云的创始团队在拿到投资后，开始了正规化发展。随着公司规模不断扩大，"十八罗汉"见面机会少了，误解和矛盾越积越多。有一天，其他创始人给马云发了一封联名长信，表达了自己对现状和某些人的做事方法很不满，想要退出阿里巴巴。

第二天傍晚，马云紧急召集"十八罗汉"开会。他把房门一关，要求大家开个彻底的批判会，把所有的怨恨都当面骂出来，不说完不准走。这个"批判会"从晚上9点多一直开到凌晨5点多。吵也吵了，哭也哭了，最终大家冰释前嫌。马云借此机会提倡在团队之间要面对面解决问题，并把这个观念上升为阿里巴巴九大价值观之一的"简单"。

马云的心声 ·

我希望今天也要畅所欲言，你有想法就说出来，只有把观点抛出来，才能形成正确的意见。我们是一个团队，大家要互相开放、互相沟通，能在同一家公司里工作是很大的缘分。每个人的性格不一样，你可以不喜欢一个人，可以不和他成为很好的朋友，但你们可以成为很好的同事。我们公司的很多员工没有和别人成为朋友，因为性格不一样，但是这个团队里，大家是很好的同事。话说回来，老公、老婆之间还有很多看对方不舒服的地方，所以大家在一起要多沟通、多交流。

解读：每一个"不打不相识"的故事，都是从误会开始的。而误会产生的根本原因就是沟通不畅。老话说："逢人只说三分话，不可全抛一片心。"即使你呼吁大家畅所欲言，其他人还是会按照这句老话来做，不愿吐露真实想法。说到底，他们并不相信你真有虚怀若谷的胸襟，怕你只是故作姿态。

马云在内部讲话中要求团队成员要互相开放、相互沟通，在价值观考核中写上了"表达与工作有关的观点时，直言不讳"的条款。这些措施都是为了改变团队的沟通氛围，帮助众人放下顾虑，敞开心扉，就事论事地直抒己见。

世界上总有你不喜欢的人和不喜欢你的人。马云深知这一点，因此他不要求大家通过沟通变成好朋友，只要能消除工作上的误会，能不带偏见地完成分工协作就可以了。情商高的人同样是根据自己的兴趣爱好和价值观来选择朋友，但无论跟谁打交道，都会注意避免沟通上的误会，不戴有色眼镜去处理问题。

拓展知识

我们要学会重视人与人之间的差异，不要总是以己推人，以为别人跟我们没什么两样。差异可能会促进创新，也可能会引发冲突。尊重差异才能求同存异。不能准确地识别自己和他人之间的差异，就很难做到尊重差异。你有些无意识的行为说不定恰好触犯了对方的忌讳。

为此，我们在评估他人的时候，应采用更广泛的参考框架，从更多的角度去看待对方。哪怕是双方基于同一种情况而产生了不同的意见，也是有参考价值的，因为它让你看到了你过去没有考虑过的角度。如果能从多样性的差异中汲取养分，那么整合出新思想、新资源、新成果是大有希望的。

假如不去深入交流，忽视人与人之间的差异，我们根本搞不清楚与对方已经产生了不必要的误会。面对面地解决问题，向对方释放出尊重差异的善意，把误会消灭在萌芽状态。这时候你可能会发现，人与人之间的差异并非敌对的理由，而是一种特殊的魅力。

聪明人教下属怎么做，情商低才批评下属

"云课堂"讲义 ‖‖‖‖‖

1. 当下属犯错的时候，你的第一反应是批评他们，还是反思自己？

2. 如果真的是下属做错了，我们该不该给他们从头再来的机会呢？

3. 你是否有耐心去花更多时间和精力把不成熟的下属培养成才？

有些员工因为业绩突出而被公司提拔为团队管理者，这本来是一件好事，但角色的转变必然会给他们带来新的挑战。由于缺乏管理经验，这些新手领导者可能无法处理好跟下属的关系，从而造成团队内部矛盾，甚至增加公司的离职率。

最常见的情况是员工犯了错，遭到新手领导者不留情面的批评。员工即使接受了批评，心情也会很坏，对领导者不会太信任和亲近。如果是脾气比较大的人，甚至会向公司高层申请调离某个岗位，或者提出辞职。

新手领导者有很强的工作能力，所以会觉得手下的员工做得不好。但一味地批评并不能提高他们的工作能力，只会暴露出你糟糕的情绪控制力。情

商高的人不会用这种简单又粗暴的方式处理这个问题。

情商小案例

马云提倡建立一支无法复制的、没有人能挖走的团队。他认为所有团队成员都应该教学相长，优势互补，以开放而坦诚的沟通方式进行交流。最重要的是，不要让团队中任何一个人失败。在他的努力下，"团队合作"成为阿里巴巴六大核心价值观之一，包括以下细则：

★共享共担，平凡人做非凡事。

★乐于分享经验和知识，教学相长。

★以开放心态听取他人的意见。

★表达观点时，直言不讳。

★在工作中，群策群力，拾遗补阙。

★不是自己分内的工作，也不推诿。

★决策前充分发表意见，决策后坚决执行。

★有主人翁意识，积极参与，促进团队建设。

马云的心声

一个优秀的将军、一个优秀的领导者永远都要知道自己的部下出了什么问题。如果你的下属总共才六七个人，有人因为闹离婚而心情不好，你都不知道，那就是你的错。你为什么没有注意到下属的问题，是什么原因？领导者要学会自责。聪明的老板会教下属怎么做，傻瓜老板才批评下属！

解读：管理学界有句格言："员工不会离开他们的工作，他们离开的是他们的管理者。"这句话可谓真知灼见。员工辞职的理由主要是待遇不好、看不到希望、不喜欢公司的氛围以及跟上司关系不和。其中最后一条理由是最要命的。哪怕员工认同公司的文化和发展前景，对待遇也没有不满意，也照样会选择走人。

员工最不喜欢的就是领导者动不动就批评人，却又不能给他们指出正确的道路，只是一味地要求他们重做。我们应该意识到一点：员工和我们一样是有情绪的普通人，希望得到认可和支持。如果因为自己的暴脾气打消了员工的积极性，那是得不偿失的。

聪明的领导者看到下属犯错误时也会感到不悦，但不会因此而迁怒他人。他们会耐心地教下属怎么做，帮助对方在挫折中成长。如此一来，下属就会认真反思和改进自己的错误，更加努力地做事，不让自己辜负领导者的信任。员工越成长，领导者就越轻松，最终工作一天比一天顺利，关系也愈加融洽。

拓展知识

有些人把赞美放在批评之前，或者用赞美来作开头和结尾，将批评置于中间。以此方式给批评意见包裹糖衣，好让对方坦然接受。这种沟通技巧现在越来越没有效果了。因为，被批评者熟悉了这个套路，会把注意力完全放在"但是"二字之后，忽略其他内容。

情商高的人提出批评意见时会避免过于尖刻的措辞。先从最少争议的事实说起，然后再说出自己的批评意见，并鼓励对方表达自己的认识。在指出对方的不足后，还会明确指出对方有改进的方向，比如，只要朝着什么方向努力就能有所改善。

此外，我们在批评对方的时候，切忌过于情绪化，不可对他们大吼大叫或者奚落讽刺。在批评的过程中保持平等沟通的姿态，让对方感受到我们是真诚替他们着想，这样的批评更容易令人接受。

甘当伯乐，发掘能超过你的"千里马"

"云课堂"讲义 ||||||||

1. 为什么马云说"不要找完美的人"？

2. 你是否善于发掘不同人的长处？

3. 你发现有望超越自己的"千里马"时，是否会把他们提拔起来？

当你成为领导者后，提拔和培养优秀的人才就成了你的一项使命。这项使命对你的智商和情商提出了更高的要求。首先，你对别人不能求全责备，应该发掘不同人的长处。其次，你要怀着伯乐之心，找到具有潜质的人才。最后，你要有让人才超过自己的器量，不能只是一味地利用和打压他们。

这个道理，马云也是经过一些惨痛教训之后才领悟到的。他当初也是找了一些看起来很完美的人才来管理公司，结果这些精英形不成合力，反而把阿里巴巴折腾得差点倒闭。在痛定思痛后，马云意识到找完美的人不如找合适的人，然后以伯乐之心培养他们，并鼓励他们超越自己的"伯乐"。

情商小案例

阿里巴巴合伙人、集团首席人力官（CPO）、菜鸟网络董事长童文红在2000年加入公司，第一份工作是前台接待。一年后，当时负责阿里巴巴人事的彭蕾把"又傻又天真，又猛又持久"的童文红调去做行政部的主管。

马云也看出了童文红的发展潜力，让她负责装修创业大厦，筹备第一届"西湖论剑"等工作。后来又陆续让她在集团的客服、人力资源等部门锻炼。童文红于2017年1月13日成为阿里巴巴的首席人力官（CPO）兼菜鸟网络董事长。她在加入阿里巴巴之前是做物流工作的，算是回归了老本行，成为阿里物流网络领域独当一面的大将。

马云的心声 ·

我要找的人，第一，我不找一个完美的人，我不找一个道德标准很高的人，我找的是一个有承担力的、有独特想法的人。有独特想法的人未必有执行力，有执行力的人未必有独特想法。所以你要选择一个团队。没有一个人是完美的，想法很好，执行能力又很强，这样的人不太会有的。所以，我经常说三流的点子一流的执行，你先把它干出来再说。这两个技能很少配在一起。你要想找一个这样的人，可能你要等10年才找到一个。所以我要找各种各样的人，这人有想法，这人有执行力。把这些人聚在一起。你不是找一个接班人，你是找一个团队，找一群人。没有人是完美的。组织和人的结合，才是完美的。

解读： 世界上没有完美无缺的人，但可以组建一支完美的团队。有些领

导者总是以"完美主义"的名义从鸡蛋里挑骨头，嫌这个员工不好，嫌那个员工不行，老是盯着别人的缺点看，而不去思考如何发挥他们的长处。

"尺有所短，寸有所长。"只要能达到平均水平且愿意努力工作的人，总有某项工作能发挥其特点。对于员工而言，他们未必知道自己有多少潜力，可以做多少事情。因此，判断员工的能力和潜力，将其安置在合适的岗位上，正是领导者的天职。假如你老是怀着"完美主义"的心态去苛责员工，那么团队建设是不会有进展的，要完成的任务也会不断拖延下去。

所以马云才强调："没有人是完美的。组织和人的结合，才是完美的。"领导者应该按照团队发展的需要来搜求人才。比如，执行力强而创造力差的人可以安排在不需要太多创意的环节。创造力强而执行力差的人负责出创意，而不要分配太多事务性工作。具有统筹能力的人可以用来帮你统筹整个团队的工作。用对人、做对事才是领导者的第一要务。

拓展知识

在人际交往的过程中，人们少不了要相互适应。那类"话不投机半句多"的人就是跟你无法相互适应的类型。也许他们并不是什么不可理喻的人，但你和他们就是难以相处。领导者在工作中也会遇到同样的问题，和其他团队成员都需要相互适应，即大家常说的"磨合"。

情商高的领导者会抱着"适应风格"的态度来处理人际关系，适应不同类型的人。需要说明的是，适应风格不是说我们要迁就他人的价值观，而是去适应对方的行事风格。比如，有些人风风火火，想到了就马上去做；有些人沉稳坚韧，不喜欢轻举妄动。他们都可能是才华横溢的"千里马"，但你这个伯乐能否跟他们默契配合，取决于你能否适应其风格。

　　面对风风火火的人，你在确保没有问题后可以考虑加快决策节奏，让他们充分发挥强大的执行力。而在面对沉稳坚韧的人的时候，你应该适应他们的慎重作风，不要在他们给出深思熟虑的结论之前就要求他们马上行动。只有灵活适应各种人才的不同风格，才称得上是情商高的领导型人才。

让所有人都感受到来自你的强大支持

"云课堂"讲义 ||||||||

1. 当所有人都感到迷茫时，身为领导者的你能否为大家指明方向？

2. 当你的队友遇到瓶颈时，你能否给他们提供有益的支援？

3. 当其他人想放弃时，你能否力排众议，给大家继续坚持的勇气？

没有人不希望背后有个坚强的后盾，以便自己坚持不下去的时候得到源源不断的支援，继而重新恢复斗志。这个坚强后盾可能是家人、朋友或者上司。尤其是上司的强大支持，会给奋斗者带来坚定的信心。但领导者要扮演好这个角色并不容易。

心怀使命感的团队领导者背负着来自公司上下的压力。决策层希望你能无坚不摧，员工期盼你指导和支持他们走向一个又一个胜利。当大家不知该何去何从时，你的每一个选择就变得举足轻重。如果连你都放弃了，他们就不会再坚持。只要你的态度坚定不移，他们的信心就会被你的决心激活，以加倍努力来回报你的热情。

情商小案例

蔡崇信舍弃高薪加入阿里巴巴已经成为业内的一则美谈。当初他的父亲、妻子、朋友几乎全部都反对他这个冒险的决定。但事实证明，他这个冒险的决定做对了。蔡崇信后来解释说自己做事是看人的。刚接触时，马云有个举动令他很感动。

阿里巴巴创始人团队大多是马云的学生，除了马云外都没出过国，但个个心怀理想、精力旺盛。蔡崇信让马云把股东名单发过来，还帮助他注册公司。马云就发来了传真，18个人全部都是股东。蔡崇信见过很多创始人，但很少看到马云这样愿与创业同伴共享利益的人，所以他才有了冒险一试的勇气。

马云的心声 •

　　领导者要体现出自己的价值，你要让你的团队感受到来自你的强大支持。绝大部分人对现状都是不满意的，当你真正要改革的时候，提出意见的一定是他们，而且身体力行地支持改革的也一定是他们。领导者要不断地提升自己、改进自己。阿里巴巴的老员工是我的合伙人，他们自我提升的成功，是公司最重要的成功。我们必须知道自己从哪里来、想干吗。

解读：领导者的"领"是指率领，"导"是指引导。在团队成员不知道要做什么，应该怎么做时，他们需要领导者给自己指明方向，在迷惑不解的时候指点迷津。如果领导者在这方面做得很到位，团队成员就能自觉地完成你的一切指示。因为他们相信你能支持他们勇往直前，没有后顾之忧。

遗憾的是，有些领导者习惯了做甩手掌柜，只是给自己的团队成员摊派任务。至于各项工作的统筹计划以及该注意什么问题，一概不去考虑，全部推给下面的人做。公司高层催问进度时，他们才去检查每个人的工作情况。团队成员遇到难题时，他们也只是说一些废话，完全给不出一个可执行的指示。

这样的领导者根本没有向团队成员提供支持，只是单纯地制造压力而已。如果组织中有很多这样的领导者，那么员工可能会因为得不到有效支持而纷纷离职，流失到竞争对手那里。马云说领导者应该让所有人感受到来自你的强大支持，就是为了避免这种低情商行为。

拓展知识

现代人生活压力大，越来越容易发怒，遇到事情时很难用平和的心态处理问题。愤怒本来是一种正常的情绪，但不注意控制的话，愤怒情绪就会转化为尖酸、刻薄的语言甚至引发暴力行为。如果压抑自己，不能宣泄愤怒情绪，无疑会伤害自己的身心健康。但是，以不恰当的方式宣泄愤怒，只是在迁怒于人。

情商低的人宁可把时间花在迁怒于他人上，也不愿静下心来研究解决问题的办法。他们的过激言行伤害了别人，招致别人的反击，结果事情变得更加不可收拾。其实，滥发怒火的人骨子里是害怕别人对自己的批评，而且极度害怕承担责任。他们采取迁怒的方式把责任推到别人头上，实则是为了逃避责任。

所以，情商高的人在想发火之前会扪心自问："我很生气，但我真的完全无法忍受他吗？他一定要按照我认为他该采取的行动去做事吗？如果并非如此，究竟是这件事本身有问题，还是我让事情变得这么麻烦？"这些反省有助于我们提高情绪控制能力。

第十章

以促进社会进步为乐——推动者
马云的责任担当课

　　拥有强烈的责任感和使命感是高情商者的显著特征。他们不轻易对别人许诺，一旦许诺就会认真兑现。他们对工作、家庭和自己都很负责，能力越大越有担当。马云是教师出身的企业家，他创业成功后一直保持着强烈的社会责任感。从开设湖畔大学为社会培养实战型电子商务人才，到与各地政府联合开展乡村脱贫攻坚战，再到呼吁各国共同建设世界电子贸易平台（eWTP），马云一直在力所能及地推动整个社会的进步。这充分展现了一位中国知名企业家的社会担当。

情商高的人从来不会输在责任担当上

1．为什么说责任感强是情商高的一个表现？

2．做个有担当的人会遇到哪些困难？

3．如果你身边的人没那么有责任感，你还会坚持把事情做好吗？

要想强化人际关系的精神纽带，就要学会建立相互信任的情感关系。而信任主要取决于双方是否有足够的责任感。一个做事没有担当的熟人和一个责任感很强的陌生人，哪个更值得你信赖？答案不言自明。情商高的人在这方面不会让大众失望。

马云一直要求自己做一个具有社会责任感的人。他从创业之初就定下为中小客户和创业者服务的目标。阿里巴巴至今仍把中小客户和创业者作为主要目标客户，公司各项业务都围绕着这个方针展开。而许多成功的知名企业更关注少数大客户。马云不是不想赚钱，他只是认为在赚钱的同时应该履行更多的社会担当。

情商小案例

2014年，阿里巴巴纳税109亿元，虽然不是当时最赚钱的公司，却是国内首家纳税超百亿的互联网公司。到2018年，阿里巴巴的纳税额达5年前的7.3倍。隶属于阿里巴巴集团的阿里研究院在报告中特意提到了此事，因为这是马云感到非常自豪的事情。

其他企业在标榜自己的成就时更多是提营业收入、公司规模、品牌影响力。阿里巴巴却把纳税额作为企业发展的亮点来夸耀，并将这种观念纳入了企业文化培训。马云的这个思路在企业家中可谓别具一格，对阿里员工产生了深刻的影响。此举从侧面体现了他对社会担当的美好品质。

马云的心声

依法纳税是企业和公民应尽的义务。对于企业来说，缴税是为国家和社会创造价值的表现，也是对自身成就的肯定。现在企业的纳税意识在不断提高，阿里巴巴在2004年就把"一天纳税100万元"作为公司未来几年的经营目标，并给自己设了一个紧箍咒——没有"一天100万元的税"，就是对社会没贡献。

解读： "君子爱财，取之有道。"情商高的人不可能不追求利润，但不会满脑子只想着利润，而避开自己应担负的社会责任。他们会把为社会创造价值和做贡献当成自己的本分，认真履行自己作为一个公民的义务。

很多企业家更多是把增加销售额和利润水平当成发展规划。马云却另辟蹊径，把"一天纳税100万元"设定为公司的发展目标。要想实现这个纳税指标，当然需要相应的业绩来支撑。但马云在提出这个目标的时候，阿里巴巴才刚走出低谷没几年，人人都处于迫切希望增加盈利的状态。他这么做既是在激励全体员工努力拼搏，也是在强化所有人的纳税意识。

正因为阿里巴巴向世人展示了积极纳税的社会担当，树立了良好的企业形象，后来在与各个地方政府合作时才变得更加顺利。

拓展知识

有担当的人普遍具有强烈的责任感，而培养责任感的主要手段是提高自己兑现诺言的能力。具体而言就是不要许下自己做不到的承诺。轻易许诺的人，其可靠性必然偏低。他们在事前并没有准确评估自己是否具备履行约定的能力，给了对方一个近乎空头支票的期待，到头来因为完不成而失信。

更糟糕的是，缺乏责任感的人并没觉得失信于人是什么大事，下一次还是会重蹈覆辙。假如被爽约的人提出批评，他们反而觉得对方在小题大做，为人过于苛刻。这种人太习惯用"正面思考"来为自己不负责的行为寻找积极意义。说白了，就是自欺欺人。

不幸的是，缺乏责任感的人世界上有很多。所以法律、契约、信用等级等具有强制力的承诺形式才演变为维持社会正常运转的纽带。情商越高的人越明白责任的重要性，无论大事、小事都会担起责任。正因为如此，他们才能成为人们眼中的可靠之人。

积极促进社会的发展，才是真正的成功

"云课堂"讲义 ||||||||

1．你是否已经意识到自己无形中享受了大量社会发展带来的成果？

2．你是否已经意识到自己也和无数人一样在影响着社会的发展？

3．马云是怎样为促进社会发展而努力的？

许多人觉得国家大事跟自己没关系，社会发展也跟自己没关系。其实不然。早在二十年前，互联网还没那么普及，各种基础设施并不完善，人们的日常生活也远不如今天这么便利。如今，各种便捷的生活方式的出现，这一切都是社会发展的红利。而创造这个红利的是各行各业、各个岗位上的劳动者。

从这个意义上说，你与这个社会的发展是密不可分的。社会发展得好不好，取决于无数平凡劳动者今天的努力够不够。也许你做不了轰轰烈烈的大事，但可以在力所能及之处为社会发展做出一点贡献。

怀着这颗心来看待世界、对待人生，你的内心会越来越有成就感，道路也会越走越宽。马云当初选择在国内发展电子商务，根本动力就是推动中国互联网经济的发展。

情商小案例

马云在40岁那一年，也就是新中国第二十个教师节那一天，创办了后来被誉为电商行业黄埔军校的阿里学院。阿里学院是国内第一家关于互联网的企业学院，其宗旨是为中国培养电子商务实战人才。

阿里学院的第一批授课讲师由马云等阿里巴巴创始人担当，采用现场授课、在线教学、顾问咨询一体化的教学方式。

学院在2006年1月推出国内首张实战性电子商务认证证书——阿里巴巴电子商务认证。后来又与国内数百所高校联合推广"阿里e学堂"的网校课程。阿里学院为社会培养了许多电子商务人才，对促进中国电子商务行业的发展发挥了很大的作用。

马云的心声

世界不需要再多一家互联网公司，世界不需要再多一家像阿里巴巴一样会挣钱的公司，世界也不需要持久经验的公司，世界需要的是一家更加开放、更加分享、更加有责任的公司。社会需要的是一家社会型的企业，来自于社会、服务于社会、对未来社会充满责任的企业。世界需要的是一种精神、一种文化、一种信念、一种梦想。阿里人未来10年坚持我们的信念，坚守我们的文化，坚持我们的梦想，只有梦想、理念、使命、价值体系才能让我们走得远。

解读： 创业的直接目的是赚更多的钱，但赚钱的道路有千万条。如何选择，得看企业拥有的实力、资源以及梦想如何。许多人也想过要做一些推动社会进步的事情，但这些梦想往往无法给自己带来丰厚的收入，还会影响生活水平，于是他们最终选择了放弃。

马云是一个务实的梦想主义者，从未放弃过自己的梦想。在他的影响下，阿里巴巴一直是个富有理想主义色彩的企业。马云把阿里巴巴定位为一家"更加开放、更加分享、更加有责任的公司"，从企业使命的角度确定了推动社会进步的发展方针。

马云坚持围绕电子商务打造商业生态系统，把中国电子商务经济基础做大做强。如果光是为了赚钱，他完全可以从事金融等行业，不必这样费力地改善基础的市场环境。

尽管阿里巴巴的营业收入不是中国第一，但能把现代电商与乡村精准扶贫工程结合在一起的，目前只有阿里集团一家做到了。在今天的中国，无论谁做电商，都离不开阿里系产品和服务的影响。这就是马云的远见。

拓展知识

当把推动社会进步真正落到实处时，更多人会选择不改变现状。他们通常是以特权思维来看问题，认为自己是非凡的，有资格获得眼前的一切甚至更好的东西。他们都觉得自己不该被改变，该改变的是没有围绕自己转的世界。

持这种观念的人身居高位时，会给其他人带来许多麻烦。他们会觉得有才华的人威胁到自己的地位，却不愿意通过提升自己而维持优势，而是设法将对方固定在更低的层次，为了达到这个目的而不择手段。这使得他们越来越故步自封，而需要解决的问题积重难返。

情商很高的人深知这种短视的做法对谁都不利。他们会主动放弃那种自以为高人一等的特权思想，积极拥抱时代的变化，不遗余力地推动社会的进步。此举既是在帮助众人，也是在成就自己。

50岁之前赚钱，50岁之后花钱造福社会

1. 人们为什么把赚钱多少视为成功的标准？

2. 情商高的人通常拥有怎样的金钱观？

3. 当你功成名就之后，是否愿意为造福社会而出钱出力？

马云为阿里巴巴定了四项基本原则，其中两条分别是"永不谋求暴利"和"永远不把赚钱作为第一目标"。他下海经商当然是为了赚钱，苦心经营企业也是为了获得更多利润。

但是，他反对把赚钱当成唯一的奋斗目标，强调企业家应该做到把经济效益和社会效益结合在一起。

为了能做到这一点，他经受住了很多赚快钱的诱惑，坚持两个效益的统一。如今的阿里巴巴家大业大，马云也在逐步功成身退，让更年轻的领导班子接手集团的各项业务。

他自己则把更多精力放在集团开展的各项公益事业上。在他看来，自

已赚的亿万财富已经成了社会资源，这笔资源只是社会交给自己去经营管理的，应当回馈社会。

情商小案例

舆论更多只看到马云的成功，而很少去留意他的失败。马云在一次内部讲话中感叹道："今天阿里巴巴的很多成功绝不是马云或者管理团队当时做了正确的决定。其实有很多我们当时信誓旦旦的事情都死掉了，只是事后不好意思说而已。"

马云回顾自己的创业史，认为公司至少有过四十到五十次差点死掉的危机。结果阿里巴巴团队居然都挺过来了，而且现在发展得越来越好。这让马云感到自己很幸运，认为后面那些年都是赚来的，得对社会感恩，把赚来的财富分出去。

> **马云的心声**
>
> 其实我和太太在创业之初还没什么钱的时候就想好了，50岁之前赚钱，50岁之后要投入到慈善和公益事业上。现在有这个机会了，要赶紧实现自己的愿望。
>
> 之前我们花了大量精力做方向规划、设立架构，现在终于做得差不多了。公益的事情要赶紧做起来，不能再拖了。希望媒体不要评比首富头衔，我最怕看到谁是首富，这样的财富评比给中国社会带来的影响并不好。我们不应该仅仅关注一个人的财富值，首富应该是首负，负责任的"负"。

解读：一般人开始的时候有梦想，但没什么钱去实现梦想。于是只好先为稻粱谋，打算等攒了很多钱之后再去实现个人梦想。

这个想法是好的，可惜大多数人后来一辈子都耗在了赚钱上，永远觉得钱赚得不够多，于是把越来越多的时间、精力和心血用在赚钱上，忽视了自身的健康，忽略了对家人的关爱。日子过得很紧张、很焦虑，最终逐渐忘了自己最初为什么而努力。

许多人会在这个问题上迷失。他们要么因贫穷而疲于奔命，要么在获得大量财富后变得精神空虚，不知道该追求什么新东西。马云夫妇对此考虑得很透彻，50岁之前赚钱，50岁以后把赚到的钱投入到慈善和公益事业上，为造福社会而贡献力量。

马云建议媒体不要评比首富，他也不在意自己是不是首富。在他看来，一个人的财富值不如其对社会的贡献那么重要。

成为首富的人不该为自己的财富沾沾自喜，而应该认真考虑自己有没有担负起跟拥有的财富相称的社会责任。能力越大，财富越多，责任越大，这是情商高的人的共识。

拓展知识

人们喜欢竞争，总想通过去做些什么来证明自己的实力。人们还喜欢攀比，通过把对方比下去来获得一丝优越感。马云当然也喜欢竞争，但他不喜欢攀比。在他看来，攀比是情商低的表现。

攀比之所以显得虚荣，就是因为把外在的东西看得太重。对于人来说，身外之物再多，也终究是身外之物，不代表该人的实质。最能体现一个人本质的，依然是内心和行动。

　　比如，赚钱多的人既可以是兼济天下的爱国义商，也可能是自私冷漠的守财奴。守财奴无论有多少财富，都不会得到太好的赞誉；而爱国义商有社会担当，以自己的财富造福社会。

　　无论你的小目标是赚多少钱，在功成名就之后都应该把名利看淡一点，把社会责任看重一点。与其争一个富甲天下的虚名，不如为社会做更多的贡献，这样的内在充盈才是真的富足状态。

以公益的心态、商业的手法去做事

"云课堂" 讲义 ||||||||

1. 为什么马云呼吁以公益的心态和商业的手法去做事？

2. 他为何坚决反对"商业的心态，公益的手法"？

3. 我们该如何实现经济效益和社会效益的平衡？

情商高的人能理解他人的痛苦，会抱着公益的心态去做事。但是有些沽名钓誉的人表面上是做公益事业，实际上怀着商业的心态，动机不纯，简直是伪善。还有一些人虽然抱着公益的心态去行善积德，但做法不计代价。如果没有社会各界的资助，连生存都很困难，谈何把公益事业做好？

在马云看来，造福社会是我们当仁不让的责任，但"商业的心态，公益的手法"是最错误的组合。因为这样不仅做事的动机太功利，而且也没有可持续性。他认为只有"公益的心态，商业的手法"才能把爱心落到实处，让公益事业真正实现可持续发展。

情商小案例

阿里巴巴脱贫基金在扶持贫困地区妇女就业问题上开展了"养育未来"公益项目。教师出身的马云发现农村地区的很多居民在婴幼儿养育方面普遍缺乏科学认识，这导致0～3岁的农村儿童在认知、运动、语言和社会情感等方面未能得到充分发展。

"养育未来"公益项目在农村贫困地区建立养育中心，为0～3岁婴幼儿及家庭提供科学育儿指导，在当地农村招聘女性和培养专职养育师。养育师负责为周边村镇幼儿及照养人提供一对一的亲子互动指导服务，帮助农村家庭提高婴幼儿养育水平。

· 马云的心声 ·

我们永远以公益的心态，商业的手法去做事，而不是以商业的心态，公益的手法，否则只会越走越乱。我觉得我们今天应该真正思考，以社会公益时代完善这个社会，我们职责是利用今天我们这么多员工，这么多资源，以及社会对我们的信任去完善它。所以，我坚定不移地认为，以商业的心态去做事已经不行，必须是以公益的心态，商业的手法。

解读： 献爱心是一件好事。因为这个社会需要更多爱心来滋养得更美好，很多遇到困难的人需要得到社会大众的帮助。但献爱心不能一味让奉献者牺牲自己的利益。这样做会给参与者带来沉重的负担，公益很难长久维持下去。

此外，做公益事业的时候还要注意一个问题——授人以渔比授人以鱼更重要。单纯地资助可能会让受惠者产生懒惰思想，不愿意再努力奋斗。到头来公益事业就会背离最初的出发点，演变成一个令人心寒的结局，进一步打击奉献者的积极性。

马云提倡的公益的心态加商业的手法，实际上就是社会效益与经济效益相结合。只讲社会效益会影响生存问题，只讲经济效益又会忽视那些不赚钱但对社会发展影响很大的问题。两者不可偏废，本来就是相互促进的关系。

马云的主张兼顾了理想与现实。参与公益事业的人不会过度牺牲自我，可以没有后顾之忧地坚持做下去。而被帮助的对象本身要自强自立。只是为其提供一个发展机遇，而不是直接令其坐享其成。这才是从根本上扶持他人。

拓 展 知 识

成功的公益事业能培养出一批具有爱心的人。他们会把当初别人给予自己的帮助再回馈给社会，让爱心薪火相传。而失败的公益事业只会培养出一批令人厌恶的情感勒索者。情感勒索者会通过大吼大叫、横加指责、假装可怜等手段来让献爱心的人感到内疚，进而索取更多的不当利益。我们对这种人要警惕。

假如你不幸遇到了这种人，就应该下决心摆脱他们。但改变多年的习惯是件痛苦的事，没有足够的情商就很难克服心中的矛盾。为了突破这个心理枷锁，你要告诉自己"我并不自私，真正自私的人是对方"，不要因为遭到无理指责就怀疑自己不是好人。否则，这种错误的自我认识只会让你为了被重新认可而无原则地满足对方的无理要求。

　　正确的自我认识能帮你守住底线，然后在此基础上以合理的交换条件
来解决问题。你希望情感勒索者做出改变时，自己也要做出相应的改变。记
住，你的目的并不是压制对方，剥夺对方的全部利益，而是在争取合情、合
理、合法的利益。

阿里不需要不能服务于人的项目

"云课堂"讲义 ||||||||

1．马云为什么说"不需要不能服务于人的项目"？

2．什么是"能服务于人的项目"？

3．马云在做这些项目时有哪些体现高情商的行为？

在这个世界上，赚钱的项目有很多，但能给自己带来高收入的项目不一定对社会有积极影响。马云是教师出身的企业家，即使在商海沉浮多年，他也依然没有忘记人民教师的社会担当。在他的运筹下，阿里巴巴做了很多服务大众的项目，其中最受他重视的是乡村教师计划。

由于广大乡村的条件比大城市艰苦许多，赚不了大钱，致使乡村教师不足的问题一直是乡村发展的一个主要瓶颈。

马云认为乡村教师对社会、对国家、对民族的未来至关重要，应该联合社会各界的力量一起为提高乡村教育水平服务。他把乡村教师计划列为公益基金会参与的第一个项目，还把自己的新浪微博ID改成了"乡村教师代言人——马云"。

情商小案例

2015年9月16日，马云在北京师范大学学生活动中心和150名乡村教师共同启动了"马云乡村教师计划暨首届马云乡村教师奖"项目。该项目设置了"马云乡村教师奖"，计划由公益基金会出资1000万元，在贵州、云南、四川、陕西、甘肃、宁夏六省区寻找100名优秀乡村教师。

入选的乡村教师每人获得10万元的奖励，其中包括9万元现金奖励与1万元的专业发展支持，分三年发放。按照马云的规划，该活动每年举行一次，以更好地带动乡村教师事业的发展。

> **· 马云的心声 ·**
>
> 眼前的这个世界，也是我们改造出来的。我们不需要不能服务于人的项目。我们需要社会学家、经济学家，让这些人来制定我们的政策规则。
>
> 所以我们还面临着许许多多的考验，但我们仍觉得骄傲，因为我相信在21世纪，如果你想做一家成功的公司，你需要学会的是如何解决社会上存在的某个问题，而不仅仅是学会如何抓住几个机会。抓住机会是非常容易的，我不是吹牛，今天，在阿里巴巴成立12年后，我觉得赚钱非常容易，但是要稳定地赚钱，并且对社会负起责任、推动社会的发展，非常难。

解读： 马云的口号喊得响，铺开的项目比口号更多。除了乡村教师计划之外，阿里还致力于做精准扶贫，推动农村经济电商化发展，推出了三种帮助贫困地区女性的模式。这些项目都属于阿里巴巴脱贫基金的战略业务。

阿里集团在马云的布局下从电商脱贫、生态脱贫、教育脱贫、女性脱贫、健康脱贫五大方向进行探索，探索"互联网+脱贫"的新思路、新方法，从根源上帮助贫困地区脱贫致富。

这些项目需要大量的基础设施建设和前期投入，不是什么特别赚钱的项目。但是惠及人群很多，也符合国家的脱贫攻坚、全面建设小康社会的发展战略。

在创业的第一天，马云就把解决社会上存在的某个问题当成发展机会。他坚信服务大众的项目能为社会带来许多就业岗位，能给更多人带来发家致富和实现梦想的机会。

只有把大众服务好了，把某个社会问题解决好了，就能在履行社会责任的过程中培育出一个让自己稳定赚钱的市场。假若不是情商高的人，就很难有这种与社会共同进步的大格局。

拓展知识

把解决社会问题当成发展机会，需要用发展的眼光来看问题。只有头脑中具备成长型思维的人，才能用好这个方法论。因为这个世界上更多人头脑中装的是固定型思维的程序，习惯以僵化的、静止的眼光看问题，不肯承认社会问题的存在，认为现在各方面已经都发展得很完善了，没有继续提升的空间。

我国目前仍是世界上最大的发展中国家，还有许多需要解决的问题。包括马云在内的许多人正是通过解决社会问题才发展到今天这一步的。他们解决了不少过去的问题，但在这个社会大转型阶段还有许多新的问题，市场上还有许多新需求等待着人们去解决。

假如你否认现状是需要改变的，以为一切都已经发展到极致，就不会去动脑筋寻找马云等人尚未发现的潜在机遇。机会不可能从天而降，假若你从一开始就放弃了寻找，就再也不可能超越前面的成功者了。

回馈世界，让昨天没有机会的人得到机会

1. 马云为什么从创立阿里巴巴之初就把"二八定律"中的80%的中小客户当成主要服务对象？

2. 马云为什么在多个场合呼吁建设世界电子贸易平台（eWTP）？

3. 马云怎样以实际行动支持中国的"一带一路"合作倡议？

情商高的人往往有着不同寻常的眼光和智慧，会以更加开阔的视野来看待这个世界。当年马云还在国内摸索电子商务的时候，就已经颇有国际视野。他意识到国内的广大中小企业主要做出口生意，需要跟国际市场接轨，为这些客户搭建电子商务平台是一个利国利民的发展机遇。

多年后，阿里巴巴真的实现了跟客户共同成长，一起培育出了一个比较成熟的中国电子商务市场。但马云深知已经成为世界第二大经济体的中国依然是个发展中国家，还有很多"发展中人口"需要机会。此外，全世界还有很多中小企业和创业者缺乏机会。

马云赞同中国提出的建设"人类命运共同体"的理念。他率领阿里人一方面在国内乡村推广电商扶贫项目，另一面响应国家的"一带一路"倡议，在世界各地推广中国的电商发展经验。一切都是为了让更多人获得发展机会。

情商小案例

马云多年来一直把"中国梦想，世界胸怀"作为座右铭。他在2015年中美企业家座谈会上呼吁不同文化背景的国家应该积极沟通，正视困难，把目光放在明天。

2016年3月23日中午，马云在博鳌亚洲论坛第一次阐述了自己关于建设世界电子贸易平台（eWTP）倡议的构想。

2017年3月9日，阿里巴巴在杭州总部召开了首届技术大会。马云在大会上宣布："阿里巴巴未来20年的愿景是构建世界第五大经济体，服务全球20亿消费者，创造1亿就业机会，帮助1000万家企业盈利。"

马云的心声 •

我呼吁大家共同建设eWTP这个平台。我们必须去改变，去创造一个新平台。在这个平台上，我们不应该再互相争论，而应该分享贸易内容、分享文化；在这个平台上，我们可以让各国之间增加了解和理解，让全世界的年轻人都找到自己的机会。我们不仅要推进平台的技术，还要推进普惠金融。我们的期望是：通过普惠金融制度让全世界的年轻人都受益！世界已经发生变化，我们不应该再为昨天而争论，我们也不可能恢复到昨天的辉煌。只有让80%昨天没有得到机会的人得到机会，这个世界的明天才会更美好。

解读：马云创办公司时就非常有国际化眼光。给公司取名为阿里巴巴，是因为这个名字利于打造成走向全世界的品牌。即使在公司大幅度裁员的至暗时刻，即使马云做出了重返中国市场的决定，也依然没有丢掉全球化视野。

在马云看来，当前世界各国的经济、文化交流还远远没有实现普惠大众。80%的人并未从此前的社会发展中受益，理应让他们也找到属于自己的机会。他呼吁建设eWTP，在非洲国家培训乡村电商创业带头人，都是为了打破国际贸易壁垒，让发达国家的中小企业和广大发展中国家的年轻人都能得到更多发展机遇。

一般人喜欢抱怨社会中的各种弊病，但对解决问题不抱希望，自以为冷眼看透世界，其实是情商低、格局小的体现。情商高、格局大的人则不然，他们会努力去读懂社会、国家和世界发展的大趋势，他们不仅从中为自己寻找机会，而且在自己成功后会想着普惠大众，为更多的人寻找机会。这就是他们能推动社会进步的根本原因。

拓展知识

阿里巴巴的员工来自多个国家，具有不同的文化背景和风俗习惯。虽然他们都认同阿里巴巴的核心价值观，但同时保留了自己多样化的特色。不光是马云创办的公司，这个社会、这个国家、这个世界其实都是由多样化元素共同构成的。包容多样化是各种社会力量共生共荣的大前提，同时也是帮助每个人提升人生高度的重要途径。

包容多样化是高情商的人应有的基本素质。你在工作生活中必然要接触形形色色的人，与不同的文化价值观进行碰撞，这些差异会让双方在合作的过程中出现不少意料之外的摩擦。只有以包容多样化的态度去认识对方，才能理解彼此的差异，找到求同存异的办法。

当你包容的事物越多，你所拥有的资源、助力就越多，思想就越丰富，看问题的广度和深度也越出众。情商高的人总是在不断地交流和相互学习中提高自己的人生高度，不让狭隘的头脑束缚自己，才能把更多的潜能释放出来。

马云是务实的理想主义者，在看清了未来的社会需求后决然创办阿里巴巴，与他的同伴白手起家，在众人都不看好的情况下把中国的电子商务行业一步一步做了起来。

阿里巴巴的发展史充满了曲折，马云的个人奋斗史也几经失败。世上哪有什么成功的神话，只不过是高情商者不断超越自我，从失败中一次次爬起来继续朝着目标前进，然后活到了今天而已。

对于很多人来说，提高情商的目的在于获得成功。不能说这个想法没道理，但这样想很容易把自己的思想束缚起来。因为在不同的人眼中，成功拥有不同的定义。

如果只是把成功定义为赚更多的钱、拥有更高的地位、享受更奢侈的物质生活，未免太狭隘。任何把情商当成赚钱工具的人，最终都会导致利令智昏的局面，其人生高度实际上也非常有限。

你的梦想不应该局限在金钱上。正如马云所说，赚钱只是结果，而非目的。如果用更广阔的视角来看待这个世界，你会发现把个人梦想和社会发展需求相结合，才能让你的梦想变得更加有生命力。

梦想越高远的人，越有社会担当，把推动社会一点一滴的进步作为自己的根本动力。他们之所以情商高，是因为格局大，有意识地寻找新的人生高度。

情商对一个人最大的意义，就是帮助他成为更好的自己。只有当你完善自己后，才能获得更多成就梦想的助力，这才是情商的正确打开方式。